JN098925

改訂版 これならわかる

EU環境規制

REACH 対応

Registration, Evaluation, Authorisation and Restriction of Chemicals

Q&A88

～登録から管理・運用まで～

松浦 徹也・林 譲 編著 一般社団法人 東京環境経営研究所 著

第一法規

改訂版　はじめに

　1992年に採択されたアジェンダ21の第19章「有害化学物質の環境上適切な管理」のプログラムは、2002年にWSSD目標として具体化されました。

　2020年、このWSSDがゴールの年を迎えました。

　この大きな節目となる年に、本書『これならわかる　EU環境規制　REACH対応　Q&A88』が改訂版となりました。初版は2010年2月の発行でしたが、この年は、予備登録が終わり、製造量が1,000トン／年以上の物質とCMR物質を登録するというREACH規則の大きな動きがあった年です。

　当時の担当者はREACH規制の解釈に深い悩みを抱えていました。EU法規制は「自ら解釈し対応する」なので担当者の自律的対応を支援するために、88のFAQを本書でまとめました。

　出版から10年が経過し、REACH規則やCLP規則などへの対応は「ルーティン化」され、企業は新たな目標へ歩み始めたところです。

　一方、REACH規則やCLP規則などの担当者は、人事異動などで交代しており、今の担当者も2010年来同じ悩みを持っています。

　この10年で執筆者等は、地域企業の支援などを通して、知見を深めてきました。

　「継往開来」、これまでの知見で改めて初版を見直して、この10年間の変化を踏まえ、さらに、次の目標を意識し改訂版をまとめました。

　改訂版は初版の全面改訂となりましたが、初版同様にREACH規則やCLP規則等の担当者にとって必携の書となることを願っております。

　改訂版の発行にあたり、偏りがちな執筆者の知見を常識的な知見で修正していただいた、第一法規株式会社編集第四部の皆様に、心から謝意を表したいと思います。

2020年1月

一般社団法人東京環境経営研究所

理事長　松浦徹也

初版　はじめに

　REACH規則（以降「REACH」）は2006年12月30日にEU官報で公布され、2007年6月1日発効、2008年12月1日予備登録終了と、順次スケジュールに従った運用が進んでいます。さらに分類、表示、包装を定めたCLP規則の発効、適用除外物質リストの改定（REACH附属書IV、V）、通称SVHCと呼ばれる認可対象候補物質のリスト発表や各種ガイダンス文書の発行・改定など、変化が続いています。経営リスクは新しい情報を早く入手することで低減できます。このため、経営リスクマネジメントの一環でREACHの情報収集は重要な要素となり、変化する各論や深く狭い最新情報が重視されてきました。

　一方、REACHの運用が進むにつれ、企業内でも関係する組織や人が増えてきています。また、自社だけでなくサプライチェーンの川上や顧客にもREACHの説明が必要な場合が増えてきました。このような背景もあり、深く狭い最新情報より、全体を把握できる情報、本質を理解できる情報の要望が増えてきています。さらに、企業のREACH担当者は日々の実務の中で、時には総論、時には各論への瞬時の対応を求められています。

　本書はこのような幅広い要望に応えるものです。第1章では、新たにREACHに関連する業務に就いた方、知識の整理を望まれている方を対象とした基本的事項を解説し、第2章以降のFAQで具体的な事例を確認して知識を深めていただける構成にしました。FAQは必要とするところをピンポイントで読んで理解できるように、一部に他のFAQと重複する説明をあえて入れました。関連するFAQと合わせてお読みいただくと理解を深めることができます。

　REACHはEU独自の新たな理念で制定されたものではありません。世界の国々は化学物質政策を協調して進めています。その源流は1992年、リオ・デ・ジャネイロの地球サミットで採択された「アジェンダ21」の第19章「有害および危険な製品の違法な国際的移動の防止を含む、有害化学物質の環境上適正な管理」です。この理念を具体化したものが、EUのREACHであり、OECD加盟国の HPVC点検プログラムであり、国連環境計画のSAICMです。REACH以外のそうした動向を、本書ではコラムの形で収録しています。REACHへの対応を、条項対応という「点」ではなく、世界の規制のなかで「線」として捉えるためです。条文解釈

から一時的に離れ、REACHの外から解釈すると、本質が見えてきます。

　「木を見て森を見ず、森を見て木を見ず」という言葉があります。企業活動では、森を見る人、木を見る人のそれぞれが必要です。総論と各論の両方に深く切り込んだ幅広い企業ニーズに応えるには、狭くても深い知識を有する専門家が多数必要です。

　このため、（社）中小企業診断協会東京支部三多摩支会EM研究会に幅広くエキスパートを集めた化学物質法規制研究会を発足し、企業対応を検討してきました。研究内容が学究的興味に走り企業ニーズから乖離（かいり）することがないように、第一法規株式会社の海外環境規制情報サービス『ワールド・エコ・スコープ』に寄せられた相談などをもとに纂編（へんさん）し、生まれたのが本書です。

　お釈迦様の最後の説法は、「自らを灯明（あかり）とし、他を頼りとせず自らを依りどころとせよ。法を灯明（あかり）とし、依りどころとし、他のものを頼りとせず生きよ」（涅槃経（ねはん））」で、禅語では「自灯明 法灯明」と要約されています。

　EUの法規制は理念先行型で、公布時には具体的な対応手順などは示されず、自主的な対応（デュー・デリジェンス）が求められます。デュー・デリジェンスを「自灯明 法灯明」ととらえれば、「法規制を依りどころとし、他を頼りとせず、自ら解釈し対応する」ことになります。

　本書が読者の皆様の「自灯明 法灯明」対応の一助になれば幸いです。

　本書をまとめるにあたり、幅広い読者の皆様に最新情報を踏まえた分かりやすい内容にするために、原稿のレビューと修正を幾度となく繰り返しました。本書が出版に漕ぎ着けられましたのは岩﨑良子さんをはじめとする第一法規株式会社編集部の皆様の叱咤激励によるもので、心から謝意を表したいと思います。

2010年1月

化学物質法規制研究会
松浦徹也

第1章　REACH基本の「き」

第2章　REACH入門者の素朴な質問

第3章　「登録」にまつわるQ&A

第4章　「成形品」にまつわるQ&A

第5章　「情報伝達」にまつわるQ&A

第6章　「CSAとCSR」にまつわるQ&A

第7章　「評価」にまつわるQ&A

第10章　日本企業の課題と心配

Chapter

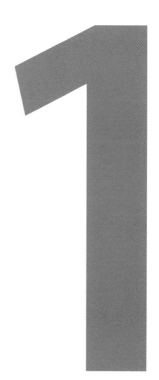

第1章
REACH基本の「き」
Q1～9

制定背景と目的

REACH規則とRoHSⅡ指令

Brexit

Q1

REACH規則という規制
REACH規則とはどんな規制ですか。

世界の化学物質管理の潮流とREACH規則

REACH規則はEUの規制です。Registration（登録）、Evaluation（評価）、Authorisation（認可）、Chemicals（化学物質）の頭文字を取ったもので、日本などでは「REACH」と記述しますが海外では「REACh」と書く場合もあります。「REACH」の最後のCHが示しているように化学物質を対象とした法律で、主要義務が登録、評価、認可ということです。しかし、AとCHの間にはもう１つRestriction（制限）のRが隠れています。漏れなく表現するとREARCHになります。

化学物質規制は1962年に出版された『沈黙の春』（レイチェル・カーソン著）を契機に始まり、セベソ事件（1976年）やボパール事件（1984年）などの化学物質に関連する事故により強化され、細分化されていきました。REACH規則はEUの化学物質政策の統合と調和を大きな目的としています。

REACH規則はEU法の１つの法令であり、位置付けは法規則の分類上の「規則」です。EUでは、「規則」は一次法である基本条約を根拠に制定される二次法になり、加盟国（2019年９月現在28カ国[*1]）を直接拘束する上位レベルの法律です。加盟国の国内法を整備することなく、EU域内の企業などに直接義務を課します。また、その適用範囲はEU法と同様となります。EU加盟国だけでなくEU運営条約（The Treaty on the Functioning of the European Union）の第355条に基づき、EU加盟国以外の国や地域にも適用されます。

---

*1 参考：28か国：ベルギー，ブルガリア，チェコ，デンマーク，ドイツ，エストニア，アイルランド，ギリシャ，スペイン，フランス，クロアチア，イタリア，キプロス，ラトビア，リトアニア，ルクセンブルク，ハンガリー，マルタ，オランダ，オーストリア，ポーランド，ポルトガル，ルーマニア，スロベニア，スロバキア，フィンランド，スウェーデン，英国（離脱の可能性がある）

Q2

制定背景と目的
REACH規則制定の背景と目的は何ですか。

化学物質のリスク管理の必要性

　REACH規則に基づく物質の登録は、EU域内で年間1トン以上の化学物質を製造・輸入している企業の義務です。2018年5月31日にはトン数帯に応じて設けられていた既存化学物質の登録猶予期限が終了し、2019年9月現在では新規物質と併せて2万2,411物質（9万6,262登録一式文書）の登録がECHAデータベースにて確認できます。登録、評価、認可や制限をすることは、企業にもEU当局にも多大なコストがかかります。このように産業競争力を弱めるような法規制に踏み切った背景を理解しておくと、REACH規則の本質が理解できます。

　REACH規則は1992年のアジェンダ21（リオ宣言を実行するための行動綱領）の第19章（有害および危険な製品の違法な国際的移動の防止を含む、有害化学物質の環境上適正な管理）をルーツとし、EU委員会の「将来の化学物質政策のための戦略に関する白書－2001年」で具体化されました。白書では、「既存物質のリスク評価が進まない」「新規物質の規制が厳しく技術革新が進まない」などの課題も表面化していました。

　それまではEUでも、改正前の日本の化審法と同じように、新規化学物質のみを規制対象としていましたが、化学物質総製造量の99％は既存物質であり、既存物質も規制する必要性が認識されてきました。また、「知る権利」意識の高揚もあり、化学物質のリスク（危険有害性だけでなく使用方法によるばく露を加味した評価）を調べ、リスクに応じた管理や消費者への情報開示がREACH規則によって義務とされました。

　化学物質は物質の危険有害性だけでなく、その使い方により、人や環境への影響が違ってきます。このため、REACH規則以前は化学物質に関連する管理義務は物質メーカーに課していましたが、使い方による管理もREACH規則の対象となり、川下企業にも一定の義務が課せられています。

Q3

登録
REACH規則の「登録」とは、何を行えばよいのでしょうか。

登録の対象

　REACH規則の登録義務の対象はEU域内で製造・輸入される「物質」です。「混合物」は混合物として登録するのではなく、混合物を構成している個々の物質が年間１トン以上の製造または輸入の場合に登録する義務があります。成形品の場合は、成形品から意図的に放出する物質が年間１トン以上の製造または輸入の場合に義務があります。

登録の手順

　登録では、REACH規則第10条および附属書Ⅵ・Ⅶ・Ⅷ・Ⅸ・Ⅹ・Ⅺで規定されている技術一式文書をECHAに提出します。また、製造・輸入量が年間10トン以上の場合は、化学物質安全性報告書（CSR）を提出します。これらの文書をまとめて「登録一式文書」といいます。

　技術一式文書に含める内容は、登録者情報、登録する物質の名称、製造や用途に関する情報、物質の分類と表示、安全な使用に関するガイダンス、物質の物理化学的特性、人の健康や環境への影響に関する試験の要約書、動物実験が必要な場合の試験計画案などです。

　REACH規則第26条では、EU域内にて製造する物質あるいは輸入する物質について、既存物質か新規物質にかかわらず、製造や輸入を開始する前にECHAに登録されているかどうかの照会を義務づけています。

　複数の企業が同じ物質を登録する場合、物質の分類と表示および物質の特性に関する試験要約書、試験計画案は共同で提出することが求められています。このための情報交換の仕組みとして物質情報交換フォーラム（SIEF）があります。SIEFは公式には2018年６月１日で解散しましたが、同一物質の共同登録者の間では2018年６月１日以降もSIEFまたは同様な契約形態を継続して用いることがECHAから推奨されています。

Q4

輸出量が１トン以下の場合

EUへの輸出量が１トン以下であれば、登録以外には何もする必要はないと考えてよいでしょうか。

「登録」だけが義務ではない

REACH規則では、企業あたり年間１トン以上製造・輸入する物質は、登録されていないと、EU域内では製造や販売することができなくなります。しかし、登録以外にも物質の製造や販売を行うために必要となる義務が発生する場合があります。

また、EUへの輸出量が年間１トン以下の場合でも発生する義務があります。登録以外にも、危険有害性がある物質については、「認可」、「制限」や、「分類、ラベル表示、包装」の対象になります。

以下に該当する物質または混合物中の物質は、CLP規則（(EC) No 1272/2008）による分類の届出義務があります。

⑴ REACH規則で登録対象となる物質（年間１トン以上となる物質）

⑵ 年間１トン以下のためREACH規則登録対象外であっても、危険有害性があると分類された物質

⑶ CLP規則第11条および附属書Ⅰの1.1.2.2、附属書Ⅵの表３に指定されている物質で、混合物中に濃度限界値以上の濃度で含有している物質（ただし、混合物全体として危険有害性に分類されない場合は、その物質の届出は不要）

ここで注意しなければならないのは、ポリマーです。ポリマーには登録義務はありませんが、CLP規則は適用されます。危険有害性に分類されるポリマーやその混合物は安全データシート（SDS）の提供や分類の届出が必要となります。以上のことから、年間の輸出量が１トン以下の場合についても、登録義務以外に貴社が輸出する物質の状況によって対応すべき義務が発生することがありますので、注意が必要です。

5

Q5

上市の定義
REACH規則では上市はいつでしょうか。

上市の定義

　上市の定義は、REACH規則第3条（定義）12項に次のように記載があります。

　「上市とは、有償であるか無償であるかにかかわらず、第三者に対して商業活動において供給または利用可能にすることをいう。輸入は上市とみなす。」

　この条文にある「利用」というのは「第三者（企業または消費者）が使用すること」とされています。第二者は販売者を指します。

　また、輸入に関しては、REACH規則第3条（定義）10項に、「『欧州共同体の関税地域への物理的導入』を意味する」と定義しています。

　これらのことから、上市とは、EU域内の製造者における出荷日、EU域外国からの輸入の場合は通関日となります。

　なお、REACH規則も対象となる製品のマーケティングに関する共通枠組み（765/2008/EC）を修正した規則（EU）2019/1020の第3条2項にも同様の定義があります。

　RoHSⅡ指令（2011/65/EU）が含まれるニューアプローチ指令のガイドである「ブルーガイド」（2016年）の「2.3　上市」に関連する記述があり参考になります。利用可能になる製品は上市される時に適用可能なEU整合法令が適用されることや、利用適用の概念は個々の製品に適用されることなどが記載されています。

インターネット販売の場合の上市について

　昨今増加しているインターネット販売の場合の上市については、上記の規則（EU）2019/1020の前文15項に記載があります。EU域内外のオンライン事業者によって、販売を目的としてインターネット上の販売サイトに掲載された製品は、EU域内の消費者、最終使用者をターゲットにして入手可能とした時点（ネット上に販売として掲載した時点）でEU市場に上市されたとみなされます。

Q6

REACH規則と情報伝達
REACH規則で求められる物質の情報には、どのようなものがあるのでしょうか。

伝達すべき情報とは

　安全データシート（SDS）で物質や混合物の安全取扱情報を顧客に伝達することは、REACH規則発効以前から行われていましたが、REACH規則ではSDSの記載様式が、「化学品の分類および表示に関する世界調和システム（GHS）」の16項目と整合されました。また、登録済みの物質に関しては、これまでの危険有害性情報に加えて、登録番号と特定される用途や推奨しない用途、認可や制限に対する情報を供給先に伝達することが要求されます。

　さらに、EU域内での製造・輸入量が10トン以上の物質では、化学物質安全性評価（CSA）を行い、その結果をまとめた化学物質安全性報告書（CSR）を作成し、登録時に提出しなければなりません。危険有害性やPBT、vPvBの物質の場合には、サプライチェーンの物質の使用方法や用途に関するばく露シナリオを作成し、ばく露シナリオに応じた「リスク管理措置（RMM）」を明確にします。これらの内容をまとめたものがCSRであり、ばく露シナリオをSDSに添付したe-SDSを供給先に提供しなければなりません。

　以上の情報伝達は「物質」と「混合物」が対象で、「成形品」には適用されません。しかし、REACH規則では、成形品中に認可対象候補物質（CLS）を0.1wt%超含有していれば、その物質名や安全取扱情報を供給先に提供する義務があります。またこれらの情報は、消費者の要求があれば45日以内に無償で提供しなくてはなりません。なお、重量比の分母については、RoHS II 指令のように均質材料まで細分化されることはなく、成形品単位（複数の成形品で構成される複合成形品の場合は、個々の成形品）です。そのため、成形品の製造者も使用する材料や部品中のCLS含有情報の把握と管理が必要となります。

Q7

生産委託時の手続き

現在国内自社工場で製造しEUに輸出している化学物質を、中国メーカーに生産委託の上、三国間貿易での販売への切替えを予定しています。何か手続きが必要でしょうか。

物質の特定と用途の確認

　REACH規則では、化学物質が1トン/年以上生産、輸入される場合に、用途を特定した上で登録を行う必要があります。これまでは自社製造化学物質として登録をされていたわけですが、生産委託されることで、その生産プロセスはこれまでとは異なるものになる可能性があります。例えば、登録時には主成分だけではなく、その物質を組成している不純物も明らかにすることが必要となります。委託企業に原材料や生産方法を指定している場合でも、生産される化学物質がこれまで自社生産していたものと完全に同一かどうかの確認を行うことが必要です。物質を特定する要素については、附属書Ⅵで名称、組成などを規定しているほか、ECHAでは「REACH規則とCLP規則における物質の特定と命名に関するガイダンス」の中で、様々な例を示しています。

　また、登録時には用途を特定することも必要です。用途が変更となるとばく露シナリオの変更を伴うことも生じます。1つの機会として、その変更が発生しているかどうかの確認も行われたほうがよいと考えられます。

登録の当事者

　EU市場に上市される化学物質は前記のように、上市の前に登録をすることが必須であり、登録がなければ輸入・販売をすることができません。それらの手続きはEU域外の事業者である貴社には行えませんので、EU域内に存在する貴社が指名をした「唯一の代理人」または輸入者が当事者として実施することになりますが、製品に対する知識の問題などから、「唯一の代理人」が指名されていることが多いようです。

　ビジネスの主体者として貴社が「唯一の代理人」を指名しており、かつ生産委託後も変更しない場合は、日本・中国いずれからの出荷であっても登録者は同一

ですので新たな手続きは必要ありません。登録時に要求される情報は、技術一式文書と化学物質安全性報告書（CSR：3連続暦年以上に製造・輸入された物質の場合は、前3暦年間の平均の製造量・輸入量が10トン以上の場合）であり、そのどちらでも「生産地・出荷地」の情報は要求されていません。

また、「唯一の代理人」を指名しておらず輸入者が登録をしている場合は、その輸入者が継続して輸入する限り、同一のサプライチェーンであるため再登録などの手続きは必要ではありません。登録時に要求される内容は、その当事者がどのような立場のものであっても変わらず、前記同様に生産地・出荷地の情報は必要ありません。

新たな登録は、新たな「唯一の代理人」が選定されたときや、現在のサプライチェーンとは別の新たな輸入者が登録されている以外の用途で輸入を開始するときに必要となります。

製造・輸入量に変更がある場合

EU域内への化学物質の輸入量は、同一化学物質ごとに合算されます。REACH規則第22条1項(c)では、「製造または輸入の中止を含めトン数域の変更をもたらす場合」に登録の更新が必要であることが定められていますので、中国への委託生産と三国間貿易への切替えにより、暦年での製造・輸入トン数に変更がある場合には登録の更新・変更が必要になります。また、これまで年間10トン未満であったものが10トン以上に増加する場合には、新たに附属書Ⅰに定められたCSRの作成が必要になります。

Q8

RoHSⅡ指令との違い
REACH規則とRoHSⅡ指令とでは、何が違うのでしょうか。

法規制の特徴

　REACH規則は登録・届出・情報伝達・認可・制限といった、様々な規制を取りまとめた総合的な化学物質規制です。一方、RoHSⅡ指令は特定化学物質の電気電子製品の含有を規制した製品含有化学物質規制です。REACH規則のうち、制限についてはRoHSⅡ指令と同様の製品含有化学物質規制もあります。

対象物質

　REACH規則はすべての化学物質が規制の対象物質となります。一方、RoHSⅡ指令の規制対象物質は、鉛、六価クロムなど10種類の特定化学物質に限定されるなど、対象物質の範囲がREACH規則より狭くなっています。

対象製品

　REACH規則は、物質、混合物、成形品を含めた全ての製品が対象になります。一方、RoHSⅡ指令は交流1,000V・直流1,500V以下の定格電圧で使用する電気電子機器が対象となるなど対象が限定されています。

最大許容濃度の分母

　REACH規則のCLSの最大許容濃度の計算をする場合は成形品自体が分母になるのに対し、RoHSⅡ指令の最大許容濃度の計算する上での分母は製品中の均質物質になります。クロム酸鉛のようなREACH規則とRoHSⅡ指令両方の規制対象となる物質の場合、規制が適用されるかどうかの計算の際の分母がそれぞれ違うので、一方の規制が最大許容濃度内であるとしても、もう一方の規制が最大許容濃度外である場合も発生します。

Q9

英国のEU離脱による影響

英国のEU離脱（Brexit）後は、REACH規則及びRoHSⅡ指令への批准は継続するのでしょうか。また、独自の規制をする可能性はありますか。

Brexit後の英国におけるEU法の扱い

　Brexit後は、EU法の枠組みから英国は離脱することになります。Brexit後のEU法の扱いについては、基本的な考え方は英国の法規制である「2018年欧州連合（離脱）法」によって、EU法由来の英国法を維持することや、現状英国法がないEU規則等については、新たに英国法を制定することになっています。つまり、従来からのEU法規制については、英国法に移行されることになります。

1．REACH規則に関する状況

　REACH規則は、加盟国の国内法なしに直接適用される規則（Regulation）であるため、現状はREACH規則の英国内における罰則等を定めた実施規則はあるものの、REACH規則そのものに相当する英国国内法はありません。そのため、英国は2019年1月に英国版REACH規則案を公表しました。英国版REACH規則は、REACH規則の基本的な内容を踏襲していますが、英国での登録や認可申請、成形品中のCLSの届出等について、英国内の製造者や輸入者、唯一の代理人（OR）が、英国REACH規則に基づき、改めて手続きを行うことを求めています。

2．RoHSⅡ指令に関する状況

　RoHSⅡ指令は、加盟国の国内法によって適用される指令（Directive）であるため、従来から英国RoHSⅡ規則が存在しています。そのため、Brexit後もこの規則が適用されることになります。ただし、RoHSⅡ指令等の各種製品規制が要求する「CEマーク」はEUの制度であるため、2019年2月に新たに

UKCAマーク

UKCAマークに置き換える方針が示されました。この方針では、Brexit後の一定期間は英国内でも従来どおりのCEマークを使用する予定であることが示されています。

Chemical Column① 化学物質管理の方向

　化学物質管理の原点は、1992年の国連地球サミット（リオ・サミット）で採択された「アジェンダ21」にあります。「アジェンダ21」の第19章では、化学物質の管理に関する基本的な方向性とその課題を挙げています。

　リオ・サミットの10年後の 2002年に南アフリカのヨハネスブルクで開催された「持続可能な開発に関する世界首脳会議（ヨハネスブルグ・サミット：WSSD）では、「アジェンダ21」の実施計画が採択され、化学物質の生産や使用が人の健康や環境にもたらす悪影響を2020年までに最小化する目標が設定されました。その実現のための国際的化学物質管理に関する戦略的なアプローチ（SAICM）が2006年にまとめられました。また、WSSDでは、化学物質の分類および表示に関する新たな世界的に調和されたシステム（GHS）について、2008年までに実施することが提唱されました。

　EUでは、化学物質に関する主な下記の４つの法令では、加盟国間の法律、規則等での行政間で不一致があり、域内市場の機能に影響を与えていたことおよび予防原則に従って公衆の健康や環境を保護するために改善の必要性等多くの問題があることが明確となったために、加盟国に直接適用する規則として、整理・統合しているものです。

　・危険な物質の分類、包装及び表示に関する指令（67/548/EEC）
　・危険な物質及び調剤の上市と使用の制限に関する指令（76/769/EEC）
　・危険な調剤の分類、包装及び表示に関する指令（1999/45/EC）
　・既存物質のリスクの評価及び管理に係る規則（EEC）No 793/936）

　これらの問題を解消し、国際的に合意された化学物質管理の目標達成のために、REACH規則を2006年に、GHSを導入したCLP規則は2008年に公布されました。

　さらに、2015年に国連で採択された「我々の世界を変革する：持続可能な開発のための2030アジェンダ」では「2030 年までに、有害化学物質、ならびに大気、水質及び土壌の汚染による死亡及び疾病の件数を大幅に減少させる。」が掲げられています。これに沿って、REACH規則の実施規則等の修正が行われると考えられます。

Chapter

2

第2章
REACH入門者の素朴な質問
Q10〜24

物質・混合物・成形品

CLS・認可対象物質

意図的放出

適用除外

Q10

REACH規則対応の基本的判断

当社は国内サプライチェーンの川下に位置するセットメーカーです。REACH規則への対応として、まず何を行えばよいでしょうか。

REACH規則における日本のセットメーカーの役割

REACH規則の法的義務は、「EU域内事業者」および「唯一の代理人」に課せられます。そのため、日本企業には直接の法的義務は発生しません。ただし、貴社製品のEU域内の輸入者(以下「EU輸入者」)が義務を果たすためには、貴社の手助けが不可欠です。

EU輸入者の義務

主要義務	義務発生の条件(すべてを満たす場合)
登録義務	・通常および当然予見できる条件下でその成形品から物質が意図的に放出されている ・意図的に放出される物質が成形品中に年間1トン以上含まれる ・意図的に放出される物質の用途が登録されていない
届出義務	・成形品中のCLSの輸入量合計が輸入者あたり年間1トンを超え、かつ、濃度が0.1wt%を超える ・CLSの用途が登録されていない
川下使用者への情報伝達義務	・輸入した成形品中のCLS濃度が0.1wt%を超える

輸入した成形品中にCLSが0.1wt%を超えて含まれていた場合に、EU輸入者が川下使用者に伝達しなければならない情報としては、少なくともCLSの名称を含む成形品を安全に取り扱うための情報が挙げられます。さらに、このような成形品については、消費者より要求があった場合、45日以内に同様の情報を消費者に無償で提供する必要があります。

以上を把握した上で、貴社が行うべき対応を考えてみます。

セットメーカーのすべきこと

1. 成形品中のCLSに関する情報把握

まず、自社の成形品に含まれているCLSをはじめとする化学物質やその含有量に関する情報を整備・管理し、必要に応じてEU輸入者に伝達する必要があり

ます。基本的には、貴社成形品における構成品のサプライヤーに、CLSをはじめとする化学物質や含有量の情報提供を依頼することになります。

　日本国内の化学物質の情報伝達は、安全データシート（SDS）が使われています。一方、成形品は、幅広い業界を対象とした「chemSHERPA」や自動車業界を対象とした「IMDS（International Material Data Sheet)」等の情報伝達ツールが使用され、成形品中のCLS等の情報が伝達されています。

　これらの情報伝達ツールの使用により、川上から川下まで貴社のサプライチェーン全体において一貫性のある情報伝達が可能となります。貴社がこうした情報伝達ツールの使用をサプライチェーンへ展開すれば、必要とする製品含有化学物質に関する情報伝達をサプライチェーン全体で効率化することができます。

2．自社における「用途」が登録されているかの確認

　成形品中の意図的放出物質の登録やCLSの届出義務は、物質がその用途で登録されている場合には発生しません。用途の登録の有無は、ECHAのウェブサイトに公表される登録情報で確認できます。

Q11

「物質」「混合物」「成形品」の定義
REACH規則では「物質」「混合物」「成形品」という３つの概念がありますが、自社製品がいずれに該当するのか、どのように判断するのでしょうか。

物質

　REACH規則第３条に、用語の定義があります。

　「物質」（substance）とは、自然の状態またはあらゆる製造プロセスから得られる化学元素の化合物で、安定性を保つのに必要なあらゆる添加物や使用するプロセスから生じるあらゆる不純物が含まれます。登録は物質単位で行います。物質中の個々の成分に分けて登録する必要はありません。

　REACH規則では物質の名称を、下表の基準で決定します。

物質名称決定の基準

種　別	基　準
単一成分物質	主成分物質が80%以上の物質の名称
多成分物質	反応生成物の成分がいずれも80%以下10%以上の場合、成分物質の名称を含有率の多い順番に列挙
UVCB物質	化学組成が特定できない場合、原料物質とプロセスなどで定義

混合物

　「混合物」（mixture）とは、２つまたはそれ以上の物質からなる混合物（または溶液）をいい、化学反応をともなわず混合されて得られた混合物（または溶液）です。CLP規則（（EC）No 1272/2008）の発効により、当初REACH規則では「調剤」（preparation）が用いられていましたが、「混合物」に修正されました。なお、合金も混合物とされます。

成形品

　「成形品」（article）とは、生産時に与えられる特定の形状、表面またはデザインがその化学組成よりも大きく機能を決定する物体をいいます。「Guidance on requirements for substances in articles」（成形品ガイド（第4版））の附録3では、材料が物質、混合物または成形品とみなされるかどうかを判定する際の支援方法について例示しており、下図の例が解説されています。

　図のボーキサイトは天然物質で登録は不要ですが、ボーキサイトから抽出されたアルミナ、アルミニウムは、それぞれ登録対象の物質です。アルミニウム合金とインゴットは混合物、圧延・押出を施したシートコイルやその軽加工品は成形品とみなされます。

アルミニウム製品の物質、混合物、成形品の区分け判断

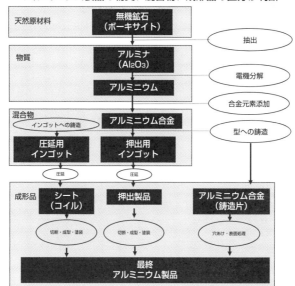

判断に際しての留意点

　EUの法規制では自主的な判断が要求されます。ガイダンスや各種情報を踏まえて自社製品が何に該当するか、自主的に決定することが要求されます。自主的判断の論理性は記録しておき、当局との見解が分かれたときに提出できるようにしておくことが重要です。

Q12

EC No.とCAS No.
EC No.とCAS No.の違いはなんでしょうか

EC No.とは

EC番号とも呼ばれる欧州共同体（EC）の委員会が定めた化学物質の同定番号で、以下の３つのリストから構成されています。

１．EINECS（EU既存商業化学物質インベントリー）

1971年１月１日から1981年９月18日までの期間に、EU市場に上市された化学物質で、100,204物質が対象となっています。

２．ELINCS（EU届出化学物質リスト）

1981年９月18日から2018年５月31日に市販された新物質の危険物質指令通知（NONS）である指令67/548/EECで通知された物質を収載しています。

３．NLP（廃止ポリマーリスト）

ポリマーの定義は、1992年４月に変更され、以前はポリマーとみなされていた物質が規制から除外されなくなり、廃止ポリマーリストが作成されました。

CAS No.とは

化学物質を特定するための番号でありCAS番号、CAS登録番号、CAS No.、CAS RNとも呼ばれています。アメリカ化学会の下部組織であるCAS（Chemical Abstracts Service）が主体となり、番号の割当てを行っています。日本では、一般社団法人化学情報協会がCASの代理店業務を行い、CAS登録番号取得の取次ぎや検索サービスを行っています。

化学物質には慣用名、一般名など名前のつけ方のルールが明確でないケースが見受けられますが、CAS番号は化学物質に固有の数値識別番号を付与するので、物質名が違っていても正確に識別できることが特徴です。化学物質のウェブ検索や確認を正確に行うことができるため、事実上世界標準の位置づけになっており、広く利用されています。

Q13

UVCB物質と営業秘密
開発した新化学物質を営業秘密にするためにUVCB物質としてよいでしょうか。

UVCB物質

UVCB物質は「Substances of Unknown or Variable composition, Complex reaction products or Biological materials」の略で組成が未知または不定な構成要素を持つ物質、複雑な反応生成物、生体物質のことを指します。UVCB物質のような性状をもつ混合物はREACH規則で求める物質の特定が困難なため、「REACH規則とCLP規則における物質の特定と命名に関するガイダンス」に従い、各タイプに分類して登録します。UVCB物質は以上の定義づけがされているため、開発した新規物質が定義に該当する物質であればUVCB物質として登録が可能です。

REACH規則における営業秘密

REACH規則は物質名などに関する情報を原則として公開しますが、関係者の商業的利害を損なうとECHAが認めたものは除外されます。開発した新化学物質は登録申請時に営業秘密の申請を行いECHAに容認されれば、「IUPAC名」などの物質の特定する情報の公開を営業秘密とすることができます。名称による物質特定の回避はCLP規則やREACH規則等の関係書類の準備に関するマニュアルである「混合物中の物質に代替化学名称を使用する方法」に従い代替化学名称を使用します。代替化学名称を使用すると構造の一部を隠した表示となり、化学物質の特定ができなくなります。例えば、ブタノールは脂肪族アルコールという表示になります。なお、営業秘密の申請はCLP規則附属書Ⅰの1.4.1項で定められた次の3つの基準を満たすことも必要です。

- ・職場ばく露限界の割り当てがないこと
- ・製造者等から取扱いやリスク管理に関する情報を十分に提供すること
- ・1.4.1項が指定する比較的有害性の低い区分に該当する物質であること

Q14

物質の同一性
CASが明示されている登録物質は登録者が異なっても、物質の同一性が保たれているのでしょうか。

CAS No.の付与

　CAS No.は個々の化学物質に固有の識別番号で、その化学物質の分子式、構造式や立体構造、無機物質であれば結晶性等の情報から付与されます。すなわち、CAS No.が分かれば、その化学物質の分子式、構造式等が分かることになっています。

　したがって、CAS No.の付与においては、その純度や不純物の含有については関係なく、特定された分子式、構造式を持つ化学物質に付与され、製造会社に関係なく、同じCAS No.であれば同じ化学物質となります。

　一方、REACH規則第3条の用語の定義では、「物質」（substance）とは、自然の状態またはあらゆる製造プロセスから得られる化学元素の化合物で、安定性を保つのに必要なあらゆる添加物や使用するプロセスから生じるあらゆる不純物が含まれます。

　「REACH規則とCLP規制における物質の特定と命名に関するガイダンス」によると、REACH規則で化学物質を登録する場合では、例えば、単一物質の場合、20wt%までの不純物を含有していても、主成分が80wt%以上である物質の名称で登録が可能です。この主成分の物質をCAS No.で特定しますが、最大で20wt%の不純物を含有することになります。つまり、製造者が異なる場合では、たとえCAS No.が同じ物質であっても、その物質の純度、すなわち、含有される不純物の種類や不純物の含有率が異なることがあり得ます。

　したがって、同一性が保たれているとは限らないということになります。

　物質の種別による名称決定の基準を次の表に示します。

物質名称決定の基準

種　　別	基　　準
単一成分物質	主成分物質が80wt%以上の物質の名称
多成分物質	反応生成物の成分がいずれも80wt%以下、10wt%以上の場合、成分物質の名称を含有率の多い順番に列挙
UVCB物質	化学組成が特定できない場合、原料物質とプロセスなどで定義

　製造業者または輸入者が異なる物質が同一性を有するかどうかを確認すると
き、いくつかの規則を重視する必要があります。

　上記の表に示す物質名称決定の基準は、技術評価、理論的な評価、または分析
評価で物質に差異が発生することはありません。これは、「同じ」物質は、その
評価に応じて異なる純度/不純物の情報を持つ可能性があることを意味します。
ただし、明確に定義された物質には同じ主成分が含まれている必要があり、許可
される不純物は、製造プロセスに由来するものと、物質の安定化に必要な添加物
のみです。

　上記の通り、単一成分物質と多成分物質については、その化学組成が特定でき
るため同一性の判断は可能ですが、UVCB物質については同一性の判断が難し
いと言われています。

　ECHAのガイドによりますと、UVCBは不明または複雑な反応を示す製造
物または生物的材料のような不安定な構成要素を持つものとされており、多く
の異なった構成要素を持ち、それが不明であることもあります。例えば、木炭
（charcoal）を例に挙げますと、CAS No.は 16291-96-6でUVCB物質です。こ
れは木材等を焼成して炭化させた物質ですが、原料の木材の種類や焼成度合いな
どで、物質の特性が変わる可能性があります。そのため、同じCAS No.であっ
ても物質の特性が異なる可能性があり、同一性が保たれていると言えない可能性
があるということに留意する必要があります。

Q15

成形品の判断基準

製品が成形品か物質・混合物かは、どのように判断するのでしょうか。

判断のフロー

ECHAが2017年6月に改訂した成形品ガイドの中で、製品が成形品と一体か混合物かを判断するためのフローが示されています。以下、右の図のフローに沿って説明します。

成形品の判断フロー

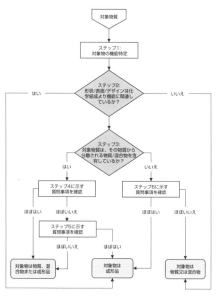

機能の特定（ステップ１）

対象物の全体機能を特定します。

形状/表面/デザインと化学組成の機能に対する関連性の比較（ステップ２）

対象物の形状/表面/デザインがその全体機能を特定する要素として化学組成よりも関連性があるかどうかを確認し、より関連性が高いと判断された場合その対象物は成形品であると判断します。化学組成よりも関連性が低いと判断する場合は、その対象物は物質または混合物であると判断します。

疑いの余地なく結論できることが不可能と判断された場合、さらに詳細な評価が必要となるためステップ３〜６に進みます。

物質または混合物の物理的分離可否の判断（ステップ３）

　対象物から分離されて独立して使用されるか、対象物を類似のものに変えた場合に同一機能が遂行されるか、物質・混合物の放出などをコントロールするための容器もしくはキャリアか、使用するときに除去され使用が完了した場合に残存するかを確認します。これらの設問への答えの大部分が「はい」であればステップ４へ、それ以外はステップ６へ進みます。

成形品と一体か否かの判断（ステップ４）

　対象物の化学的な内容がその対象物にとって不可欠のものであるか、またはその対象物は物質または混合物であり、それ以外は容器やキャリアとしての材料として構成するものかを判断します。全体で３つの設問があり、その大部分が「はい」となる場合、その対象物は「物質・混合物が対象物と一体となっている成形品」とみなされます。大部分が「いいえ」の場合はステップ５に進みます。

成形品か物質・混合物の判断のクロスチェック（ステップ５）

　ステップ４の判断に追加で設問を加え、対象物が本当に成形品とみなせるかどうかを判断します。大部分が「はい」であれば成形品と判断します。

成形品か否かの判断（ステップ６）

　ステップ３に基づき、対象物は物理的に分離可能な物質または混合物を含有しないという判断となります。対象物がREACH規則の成形品としての規定を満足するかを決定するのはいくつかの場合に困難である可能性があります。そのため、対象物の主な機能が加工される以外に最終使用の機能があるか、消費者が購入する場合に形状・表面・デザインに依存するか、対象物が加工される場合は単に対象物の形状や表面を変える塗布、切断、穴あけ、曲げなどの「軽加工（light processing）」であるか、対象物の表面への塗装やプリントで化学組成が変わっても形状・表面・デザインが変わらないか、などを判断します。これらの設問すべてを適用する必要はなく、主に該当すれば「成形品」と判断し、主に該当しなければ「物質または混合物」と判断します。

Q16

意図的放出
意図的放出とは何ですか。関連して発生する義務などがあるのでしょうか。

意図的放出とは

　2017年６月に公表されたECHAの成形品ガイド（第４版）の「第４章　成形品から意図的に放出される物質への要求」によれば、「意図的放出」とは、その名称の通り、製造者が意図的に計画して物質を放出することを意味しています。さらに、成形品からの物質の放出が、成形品の最終仕様の機能に直接関連しない「付加価値」に寄与する場合を指します。

意図的放出の具体例

　香り付き消しゴムからの香料の放出は、意図的放出の典型例です。

香り付き消しゴムの各機能説明

機能名称	説　　明	具　体　例
主機能	その製品が持つ主な機能または目的とする機能	文字などを消すこと
付属的機能	製品に付加価値として追加された機能（主機能と関連しない機能）	香りが出ること

　成形品からの物質の放出が付加的機能を果たす場合は意図的放出とみなされます。例えば、「香り付き消しゴム」の主機能は「紙に書かれた文字などを消す」という文房具としての使用です。香り自体は文房具としての主機能とは関連がなく、消しゴムから物質を放出することで使用者がフルーツなどの香りを楽しむことができます。香りは付加的機能であり消しゴムの機能に直接関連しない「付加価値」の提供であるため、意図的放出と考えられます。

意図的放出とはみなされない具体例

⑴　製造工程で「不純物」の除去中に放出が生じる場合
　　例：繊維製品の染色で使用される染料の洗い工程での洗流し
⑵　成形品の使用や維持の間に放出が生じることで、広い意味で品質や安全性の改善に寄与するが、成形品の機能に対して寄与しない場合

例：衣服の洗濯による、染料、柔軟剤、糊など衣服からの化学物質の流出

(3) 成形品が機能するときの派生的な影響で放出が避けられない場合。放出なしでは、成形品は機能しないが、放出が直接意図されたものではない場合

例：ブレーキライニングやタイヤなど、高い摩擦下での物質の摩耗と破断

(4) 何らかの化学反応中に物質の放出が生じる場合

例：コピー機からのトナーの放出など、機能を発揮するために避けられない放出。成形品が燃焼したときの分解生成物など、事故時や製造工程で発生する化学反応による物質の放出

(5) 偶発的で、不適切な使用や事故によって放出が生じ得る場合

例：落下し破損した温度計からの物質の放出

発生する義務

REACH規則第7条では、以下の2つの条件が満たされる場合、成形品に含まれる物質について、成形品の製造者または輸入者に登録を義務づけています。

(a) 物質が成形品の中に生産者または輸入者当たりで合計して年間1トンを超える量であること

(b) 物質が通常または予測可能な使用条件下で意図的に放出されること

ただし、意図的放出物質がすでに同じ用途で登録されている場合には、登録の義務は適用されません。

CLSについて
CLSとは、具体的にどのような物質でしょうか。

CLSとは

CLSの正式名称はCandidate List of substances of very high concern for Authorisationです。REACH規則57条で規定する有害性の物質から、EUおよび欧州経済領域（EEA）内での使用が厳しく規制される可能性のあるターゲットとして特定された認可対象候補物質として許可対象候補物質リスト（Candidate List）に収載された高懸念物質（SVHC）ということです。EU域内での使用に際して特別な認可が必要な「認可対象物質」となる候補でREACH規則の附属書XIVに収載される認可対象物質の候補になる物質です。

REACH規則57条で規定する有害性とは、①発ガン性、②変異原性、③生殖毒性物質、④難分解性、生体蓄積性および毒性を有する物質（PBT（Persistent, Bioaccumulative and Toxic）物質）、⑤極めて難分解性で高い生体蓄積性を有する物質（vPvB（very Persistent and very Bioaccumulative）物質）、⑥それ以外の化学物質で、内分泌かく乱特性を有し人の健康や環境に深刻な影響がありそうな物質です。

CLSは半年に１回（６～７月と12～１月頃）追加されます。2019年９月現在でECHAから告示されているCLSは201物質です。

今後のCLS

ECHAウェブサイト内の「Registry of intensions until outcome」には、EU加盟国、欧州委員会がCLSとして提案する意図のある物質が掲載されています。今後、これらの物質がパブリックコンサルテーションにかけられた後にCLSとして特定されます。意見およびコメントがない場合はCLSに収載されます。意見およびコメントがある場合はECHAの加盟国専門家委員会にて検証が行われ、全会一致の場合はCLSに収載されます。全会一致しない場合は欧州委員会で検討を行い、決定した場合は官報に公示されCLSに収載されます。

REACH規則では、登録された化学物質のうち、人の健康と環境へのリスクが

懸念される物質についてはEU加盟国が評価しリスクを明確化することになっています。

CLSに特定されると

　CLSに特定されるとその日から、0.1wt%を越えてCLSを含有する成形品の製造者および輸入者は、川下企業が成形品を安全に使用できるよう、少なくとも物質名を含む安全取扱情報を提供する義務があります。また、消費者から要求がある場合にも、要求を受けてから45日以内に、物質名、安全取扱情報を無償で提供する義務があります。

　成形品中の物質がCLSとして特定されると、特定されてから6カ月以内に届ける必要があります。

　認可対象物質として附属書XIVに掲載されるときに「日没日」（認可がなければ、物質の上市や使用が禁止される日付）も一緒に記載されます。日没日の18カ月前までに認可申請をしないと、EUでは上市および使用が禁止になります。

　なお、CLSが認可対象物質として附属書XIV（認可対象物質）に収載されても、CLSから削除されません。そのため、CLSに求められる情報提供や届出の義務は継続して課されます。

Q18

CLS、認可対象物質その他
SVHC、CLS、認可対象物質の違いを教えてください。

SVHC

　「SVHC」とは、Substance of Very High Concern、すなわち人の健康や環境への高い影響が懸念される物質を意味し、多くの場合、第57条の基準に該当する物質をSVHCと呼びます。ただしREACH規則の条文では「SVHC」という用語は定義されていません。

　このためSVHCとは、認可対象候補物質（CLS）の意味で使用される場合もありました。

　しかし、近年ECHAでは表現を変更し、REACH規則のガイダンス文書である成形品ガイドではそれまで使用していたSVHCを、2017年6月改訂の第4版からCLSに変更しています。

CLS（認可対象候補物質）

　CLS（認可対象候補物質）とは、「認可対象物質」の候補となる物質です。

　第57条の基準に該当する物質は、第59条の手続きによって順次CLSへと特定され、認可対象候補物質リスト（Candidate List）に収載されます。

　なお、CLSは、認可対象候補物質リストに収載された時点から成形品に関する情報伝達義務が、また収載6カ月後までには届出を行う義務があります。

認可対象物質

　「認可対象物質」とは附属書XIVに収載され、認可が必要となる物質です。これらはCLSの中から第58条の手続きを経て特定されます。2019年9月現在では附属書XIVには43エントリーが収載されています。

　なお、現在欧州委員会からWTOへ附属書XIVへの新たな12物質の追加を内容とする改正案が通知されており、2019年10月頃に採択の見込みとなっています。

　REACH規則は施行以来、人の健康や環境への高い影響が懸念される物質への

規制が継続的に検討され、ロードマップの年次報告が公表されています。それによると、今後、これら物質の評価が順次進められ、将来的には、約600物質が認可対象物質に収載されるとしています。

以上のSVHC、CLSおよび認可対象物質の関係を下図に示します。

認可対象物質を中心とする各物質の関係

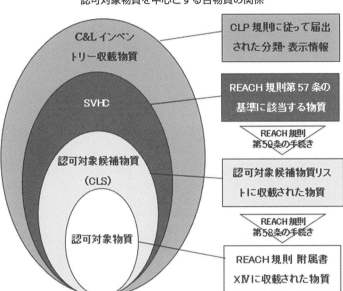

なお、ここでSVHCの外側に位置している「C&Lインベントリー収載物質」とは、CLP規則に基づき上市後1カ月以内に義務とされる分類およびラベル表示の届出がなされた物質（これには①REACH規則により登録対象となる物質、②EU域内で上市される「危険有害性あり」と分類された物質、および③EU域内で上市される混合物中に「危険有害性あり」と分類された濃度限界値以上含有されている物質があります）のインベントリー（C&Lインベントリー）に収載された物質です。これには2019年9月現在14万5千余の物質が収載されています。

Q19

CLSの含有に関する調査
CLSが半年ごとに追加されていますが、追加の都度に含有調査を行わなければならないのでしょうか。

成形品における情報伝達義務への対応

　CLSの追加は、貴社が取り扱う製品（成形品）について、新たに貴社が対応すべきREACH規則上の義務を発生させる可能性があります。例えば、新たにCLSに追加された物質が「成形品中に0.1wt％以上の濃度で存在する」場合に、物質名称を含む安全な使用に関する情報の伝達義務がEU域内の輸入者に直ちに課されることになります。そのため、輸入者が貴社に新たに追加されたCLS情報の開示を求めた場合、貴社が取り扱う製品の含有化学物質情報を把握していなければ、その都度含有調査を行うことが必要です。

　一方で、貴社が取り扱う製品の含有化学物質情報を把握していれば、その都度の含有調査を回避できます。すなわち、製品の含有化学物質情報とCLSへ追加される可能性のある物質を照らし合わせることで、随時対象とする物質の含有について判断が可能となります。そのためには、日常から製品の含有化学物質情報を把握するとともに、CLSの追加動向に関して、ECHAなどから公表される情報を注視する必要があります。

CLSへの追加動向の把握

　CLSへの追加物質の動向を把握できる公開情報として、「Registry of SVHC intentions until outcome」や「EUのローリング行動計画（CoRAP）」があります。「Registry of SVHC intentions until outcome」は、CLSに関する書類がECHAへ提出される予定となっている物質のリストです。その後の経緯も記載されるため、今後、貴社に対し、含有調査が求められる可能性のある物質であるかを確認することができます。また、「CoRAP」は各年で指定された物質の有害性を加盟国が評価する計画であり、その評価状況を追跡することにより、CLSへの追加可能性について、把握することができます。

　CLSへの追加に関する検討状況については、REACH規則第59条に手順が規定されており、全体像が次の図のようになっています。対象物質がどの段階にある

のかECHAがウェブサイト上で公表する情報などを確認することで、CLS追加
に関する検討経過についての把握も可能となります。

CLS収載までの流れ

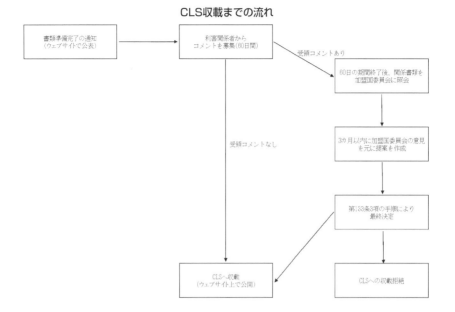

書類準備完了の通知
(ウェブサイトで公表)

利害関係者から
コメントを募集(60日間)

受領コメントあり

60日の期間終了後、関係書類を
加盟国委員会に照会

3カ月以内に加盟国委員会の意見
を元に提案を作成

第133条3項の手順により
最終決定

受領コメントなし

CLSへ収載
(ウェブサイト上で公開)

CLSへの収載拒絶

Q20 REACH規則適用除外の要件
REACH規則に適用除外はあるのでしょうか。

全面的な適用除外物質

以下に示す物質は適用対象外となります。

(1) 放射性物質（指令96/29/Euratomが適用）

(2) 税関の監視下にあり、どのような処理も加工も受けないもの、あるいは再輸出のため規制対象外の地域や倉庫に保管されているもの

(3) 合成プロセスにおいて反応容器などの装置から意図的に取り出すことがない中間体（単離されない中間体）

(4) 輸送中の危険な物質（優先する法律が適用）

(5) 廃棄物

(6) 加盟国が必要とする防衛用の物質や混合物

部分的な適用除外

次の用途で使用される場合は、登録、川下使用者への情報伝達、評価や認可は適用されません。

(1) 人または動物用の医薬品　　(2) 食品添加物および食品に使用される香料

(3) 動物飼料の添加物　　　　　(4) 動物栄養剤

サプライチェーンにおける情報伝達義務の適用除外

最終消費者が利用できる、いわゆる完成品の状態になっている人または動物用の医薬品、化粧品、食品添加物などはそれぞれの指令などが優先されます。

その他の適用除外

次の要件に合致する場合、登録、川下使用者、評価に関する各条件が免除されます。

(1) リスクが少ないとみなされ、附属書IVに記載されていた物質

(2) 物質自体に製造、輸入、あるいは上市されないなどのため、REACH規則の適用外としても支障がないとされ、附属書Vに記載された物質

(3) EU域外より再輸入された同一の物質あるいは混合物中の物質

(4) リサイクルなどで回収された物質そのもの、あるいは混合物中に含まれる物質が登録済みで、かつ同じ物質であること

中間体の扱い

サイト内単離中間体や輸送を伴う単離中間体はREACH規則第17条や第18条に規定される条件を満たすような厳格な管理がされている場合に限り、一般的な登録、認可の義務は免除され、簡略化された登録が認められています。

ポリマーの扱い

「人や環境に影響を及ぼすリスクのあるポリマーを実用的なコストで選別する手法が確立されていない」との理由で、ポリマーは登録と評価の対象外になります。

ただし、ポリマーに含まれるモノマーは特定の条件に該当した場合、登録義務が発生します。

認可の適用除外

下記に該当する用途で附属書XIV収載物質を使用する場合、認可は不要です。

(1) 研究開発の用途

(2) 植物保護製品

(3) 殺生物性製品

(4) ガソリンおよびディーゼル燃料など自動車燃料

(5) 可動式または固定式燃焼プラントにおける燃料

(6) 化粧品における使用

(7) 食品を包装する容器における使用

(8) 混合物中0.1wt%未満の濃度のPBT、vPvB、内分泌かく乱性物質

(9) 中間体として使用する場合

Q21

顧客が混合物として輸出している場合の対応

国内向けに化学物質を製造販売しています。複数顧客が混合物としてEUに輸出していますが、各社は1トン以下ですが化学物質の総計は1トンを超えます。当社にREACH規則対応義務はあるでしょうか。

REACH規則対応の支援

REACH規則で、登録は「EU域内で製造、輸入される物質」が対象となります。混合物の場合には混合物に含まれている物質が登録の対象です。

直接EU域内に化学物質を輸出していなくても、顧客が貴社の製品を混合物として加工しEUに輸出しているので間接的輸出となり、顧客がEUへの輸出に際して必要な義務を順守するためには、顧客への支援が必要です。

物質の登録

登録は、1企業当たり年間1トン以上の物質がEU域内で製造または輸入される場合に義務付けられます。ご質問では、顧客の輸出先ごとには、1トンに満たないとのことですが、EU輸入者がこの輸入とは別に輸入し、1トン以上になる場合には、その輸入者に登録義務が生ずることが考えられます。そのため、輸入者から、登録に必要な物質情報の提供を求められる可能性はあります。物質情報を企業秘密としたい場合は、貴社がORを任命し、登録する方法があります。

情報伝達

化学物質を安全に使用するという目標を達成するためにはサプライチェーン上での情報の伝達が不可欠です。顧客が混合物のSDSを作成するために、貴社は物質のSDSの提供が必要になります。

Q22

中国、韓国、台湾の規制法との差異
中国、韓国、台湾でREACH規則に相当する規制法との差異を教えてください。

既存化学物質を製造・輸入する際に発生する義務について

　REACH規則に相当する規制法として、中国では「新化学物質環境管理弁法」（以下、中国版REACH）、韓国では「化学物質の登録及び評価に関する法律（化評法）」（以下、韓国版REACH）、台湾では「職業安全衛生法」と「毒性化学物質管理法」（以下、台湾版REACH）が制定されています。

・REACH規則と韓国版REACHでは、共に年間1トン以上域内に製造・輸入した場合に登録義務が発生します。

・台湾版REACHでは、年間0.1トン以上域内に製造・輸入する場合に第1段階登録義務が発生します。第1段階登録時提出した情報では不十分であるまたは高い危険有害性を持つと判断された化学物質には第2段階登録が必要です。登録時に物理化学的特性や毒性試験データや、ばく露およびリスク評価報告書提出などを提出する必要があります。

・中国版REACHでは、既存化学物質は規制の対象外なので義務は発生しません。

新規化学物質を製造・輸入する際に発生する義務について

　各国で新規化学物質を製造・輸入する場合、下記義務が発生します。

新規化学物質の義務の比較

REACH規則		中国版REACH		韓国版REACH		台湾版REACH	
登録の種類	年間製造・輸入量（年間）	申告の種類	年間製造・輸入量（年間）	登録の種類	年間製造・輸入量（年間）	登録の種類	年間製造・輸入量（年間）
登録	1トン以上	通常申告	1トン以上	登録	0.1トン以上（施行は2020年末まで延期）	標準登録	1トン以上
年間製造・輸入量が1トン未満の場合は登録不要		簡易申告	1トン未満（第13条の特殊状況に該当する場合は別途）	届出	0.1トン未満（登録免除される場合のみ必要）	簡易登録	0.1トン以上1トン未満
		科学研究申告	科学研究目的で0.1トン未満			少量登録	0.1トン未満

第2章

REACH入門者の素朴な質問

一般公衆と消費者
REACH規則では「一般公衆」と「消費者」の２つの用語が使用されています。この差異はなんでしょうか。

一般公衆と消費税

　「消費者」は、生産者が製造した製品や輸入業者が輸入した製品を購入して、個人の用途に使用するユーザーであると考えられます。それに対して、「一般公衆（the general public）」は直接の購入者およびユーザーに限定されず、意図せずに製品に触れることや製品中の化学物質にばく露することがありうる一般の人々と考えられます。

　「消費者」には生産者や輸入業者が自社製品や輸入品の購入者として製品中の物質に関する情報を販売時に直接提供することができ、ばく露対策などリスク対策を提示することができます。それに対して、「一般公衆」は購入の有無に関わらず広く自社の製品が使用された場合に、その製品から何らかのばく露等の影響を受ける不特定の対象者も含むと考えられます。

　例えば、ペイントリムーバー（塗料剥離剤）は塗装業者や建築業者など産業用途に加えてDIYなど個人用途でも使用されます。自宅の壁を修繕するために家主自身によってペイントリムーバーが使用される場合、「消費者」は家主になります。一方、塗装を落とす作業中に近くを通りかかった人がペイントリムーバーから拡散された物質にばく露する場合もありえます。こういった不特定多数の場合を「一般公衆」と考えることができます。

　REACH規則第２条で「労働者」と「一般公衆」が並列的に表記されていますが、他にも「一般公衆（the general public）」の文言は、前文№95、同№114、第２条１項、第31条４項、第123条等で使用されており、「労働者（workers）」や「職業上の使用者（professional users）」といった専門的な知識を持つユーザーとは区分されていることがわかります。

　意図せずに物質にばく露する可能性がある一般の人々を「一般公衆」と考えることができます。

Q24

RoHSⅡ指令対象機器の消耗品

RoHSⅡ指令対象機器の消耗品（電気は不使用）を販売していますが、REACH規則は対象となるでしょうか。

消耗品の扱い

　RoHSⅡ指令対象機器の消耗品は、REACH規則の通常の適用を受けます。

　すなわち、その消耗品が物質あるいは混合物の場合、あるいは成形品で意図的放出物質が含まれている場合、EUでその物質が製造者あるいは輸入者当たり年間１トン以上であればその物質（混合物であればそれに含まれている物質、成形品であれば意図的放出物質）の登録義務があります。

　さらに、その消耗品に含まれている物質が認可や制限の対象物質であれば、それらの規制を受けることとなります。

　また、消耗品が成形品の場合、その中にCLSを含有し、その濃度が0.1wt%を超え、含有量の合計が製造者あるいは輸入者当たり年間１トンを超え、そのCLSの用途が登録されていない場合には届出義務があります。

　消耗品が成形品で、含まれるCLS濃度が0.1wt%を超える場合には、川下使用者や消費者への情報伝達義務があります（消費者に対してはその要求に応じ45日以内に無償で提供）。

　なお、RoHSⅡ指令の対象機器の消耗品の扱いについて補足しますと、RoHSⅡ指令は、適正に作動するために電流または電磁界に依存し、定電圧が交流1,000V、直流1,500V以下の電気電子機器を適用範囲としています。

　したがって、消耗品が、例えばプリンター用のインクカートリッジの様に、容器中に内容物が充填され、それ自体が電気で動作する様な場合には、その消耗品そのものがRoHSⅡ指令の対象になります。

　一方、電気を不使用の消耗品、例えば容器のみでそれ自体は動作はしない、あるいは単なる内容物のような場合には、RoHSⅡ指令は適用されません。

　またRoHSⅡ指令とREACH規則は独立して運用される法令です。しかしRoHSⅡ指令の前文では、RoHSⅡ指令の特定有害物質とREACH規則の認可対象物質や制限対象物質との間には、一貫性、相乗効果を最大化および補完性を反映させることが謳われ、両者は互いに調和された運用が図られています。

Chemical Column② REACH規則の押さえどころ

　REACH規則の目的は、「物質の有害性評価のための代替手法の促進を含む人の健康および環境の高レベルの保護並びに域内市場における物質の自由な流通とともに競争力と革新の強化を確保すること」にあります。

　化学物質の適切な管理は、上市する段階で規制することにより効率的に行えます。そのため、製造・輸入される段階で年間１トン以上の化学物質を「登録」する義務を課しています。従来は、年間100kg以上の新規化学物質のみに届出義務がありました。このため、新規化学物質の開発が低下し、化学産業の競争力が弱まったことから、登録義務を年間１トンに上げました。既存化学物質（REACH規則では段階的導入物質と呼んでいます）についても、有害性情報が無い多くの化学物質が製造・輸入されていたことから、登録の義務が導入されています。提出する有害性情報については、動物試験の代替法の開発を促進し、企業の負担を少なくするために同じ化学物質の登録者で共有することを求めています。

　登録情報を「評価」した結果、人の健康および環境の保護のために規制が必要な化学物質を、予防原則の観点から、「認可」や「制限」として規制されます。

　「認可」の対象とされた化学物質については、上市、使用するためには決められた期限までに申請し、認可を取得することが必要です。

　「制限」では、条件を付けて製造、使用、上市を禁止する化学物質を定めるものです。

　化学物質そのもの、混合物を供給する企業は、供給先にSDSで提供することが必要です。さらに、10トン以上の化学物質の登録者は、化学物質安全報告書（CSR）を作成し、登録情報として提出することが必要です。供給先には、その情報を「ばく露シナリオ」としてSDSに添付し、具体的なリスク管理措置の情報として提供することが必要です。また、CLSを含有する成形品についても、安全に取り扱うための情報を提供することが必要です。

　以上のように、REACH規則では化学物質の製造者・輸入者には、化学物質を安全に取り扱うために多くの義務が課せられています。

Chapter

3

第3章
「登録」にまつわるQ&A
Q25〜35

川上・川中・川下企業のREACH対応
登録義務の判断
「用途」の判断
ORの判断
CLP規則

Q25

国内川上企業のREACH規則対応

当社は原材料メーカーです。当社に求められるREACH規則対応とは、どのようなことでしょうか。

川上企業としての責務

　貴社はサプライチェーンの川上企業として、製造する物質の登録や物質に関する情報を川下企業へ伝達したりすることが必要となります。また、川下企業における貴社製造物質の用途や取扱方法などの情報を収集し、用途に合ったリスク評価を行い、その情報を登録の際に提出するとともに、川下企業へ伝達することも必要となります。

物質の登録

　貴社が直接EU域内に物質を輸出していなくても、貴社の川下企業が輸出する製品に貴社の原材料が使われていれば、EU域内の輸入者は登録を行う必要があります。登録義務が発生するのは、EU域内の輸入者ごとに年間1トン以上の取扱量がある場合です。

　しかし、輸入者に登録を任せるのではなく、貴社が指名するEU域内の「唯一の代理人（OR）」が登録することもできます。唯一の代理人は、EU域外の製造者の代わりに登録に関する一切の義務を負うことになります。貴社が唯一の代理人を指名して登録を行う際には、貴社の輸出先（EU域内の輸入者）へその旨を知らせる必要があります。

川下企業への情報提供

　物質の供給者は、その物質が一定の危険有害性の基準に該当する場合には、SDSを川下企業へ伝達する義務があります。

　SDSは取扱量に関係なく、1トンに満たない少量の取引であっても伝達しなければなりません。SDSが要求されない物質（人の健康・安全、環境保護に対して必要な対策を講じることができるよう十分な情報が一般公衆に対して提供あるいは販売されていて、川下使用者または流通業者の求めがない）の場合でも、

登録番号、認可・制限の適用についての情報や、リスク管理対策が可能となるためのあらゆる利用可能な情報を提供する必要があります。また、必要に応じてその情報を遅滞なく更新しなければなりません。

　さらに、取扱量が年間10トンを超える物質は、化学物質安全性評価（CSA）を行い、化学物質安全性報告書（CSR）を作成します。この中で、許容できるばく露レベルのリスク管理措置を明確にし、その使用方法をばく露シナリオに盛り込みます。CSRを基にSDSの附属書として、ばく露シナリオを添付して川下企業へ伝達します。

　ばく露シナリオは特定された使用や用途ごとに作成する必要があるので、CSAの実施にあたっては、川下企業の用途や、取扱方法などの情報を反映させる必要があり、貴社は川下企業からそれらの情報を収集する必要があります。

川下企業から収集する情報

　川上企業が登録や情報伝達を行う際には、川下企業の各社がどのような用途や取扱方法でその物質を使用しているかを把握する必要があります。その際にはREACH規則対応に必要な以下の情報などを、川下企業から収集します。

⑴ 混合物や成形品の生産で使用する技術上のプロセス（営業秘密情報は不要。簡潔なプロセスのみがわかれば十分）

⑵ その物質の用途の、簡単で一般的な説明

⑶ その物質の使用時に生じる廃棄物の量およびその組成に関する情報

⑷ 製造する混合物に含まれる物質の濃度または濃度範囲

⑸ 製造する成形品に含まれる物質の量

　なお、川下企業が川上企業に用途などを知らせたくない場合は第37条４項に従い、川下企業がCSRを作成することもできます。

Q26

国内川中企業のREACH規則対応

当社は混合物メーカーです。当社に求められるREACH規則対応とはどのようなことでしょうか。

川上企業が登録済みの場合

貴社の川上企業がREACH規則に基づき登録しており、貴社の製造する混合物に含まれる物質が一定の危険有害性の基準に該当する場合には、貴社には川下企業へのSDSの伝達義務が課せられます。登録後はSDSには登録番号を含まなければなりません（REACH規則第31条）。また、SDSが不要な場合であっても、登録番号や許可・制限に関する情報などを書面または電子的に伝達する義務があります（REACH規則第32条）。

川上企業が登録していない場合

一方、川上企業が登録していない場合は、まず貴社が輸出する混合物中に含まれる物質単位のEU域内への年間輸出量（取扱量）を確認します。物質の量により次に示す対応が必要です。

(1) 年間1トン未満の場合

年間1トン未満の場合でも、貴社の製造する混合物に含まれる物質が一定の危険有害性の基準に該当する場合は、前述したSDSの伝達義務への対応が必要です。

(2) 年間1トン以上の場合

年間1トン以上の場合は輸出先での登録状況の確認をします。登録されていない場合は登録が必要です。

サプライチェーン内での確認事項

貴社のような川中企業としてサプライチェーン内で留意するべき、その他の主な確認事項を次に整理します。

・第14条または第37条に基づき化学物質安全性報告書（CSR）を作成する必要のあるサプライチェーンのいかなる関係者も、特定の用途や条件を含む

SDSの付録にばく露シナリオをつけなければなりません。また貴社のような川中企業や貴社の販売先である川下使用者が特定の用途に関してSDSを自ら作成する場合には、ばく露シナリオを含め、関連する情報を付けなければなりません（REACH規則第31条7項）。

・貴社は、貴社の上流の購入先や流通業者に対して、有害特性などの新しい情報やSDSに記載されている内容の妥当性などの情報を伝達する義務があります（REACH規則第34条）。

・貴社を含めて川下使用者は、物質そのものまたは混合物に含まれる物質を供給する製造者、輸入者、川下使用者または流通業者に対して、使用説明を書面で知らせる権利を有します。同時に用途に関する十分な情報を提供しなければなりません（REACH規則第37条2項）。

・貴社を含めて物質そのものまたは混合物に含まれる物質の川下使用者は、SDSで通知されたばく露シナリオまたは必要に応じて用途・ばく露区分に記述する条件以外のあらゆる用途について、または供給者が勧めない用途について、附属書XIIに基づいてCSRを作成しなければなりません（同4項）。

認可と制限

貴社の提供する製品が、附属書XIV物質もしくはそれらを含有する混合物で構成される場合、EU域内で上市または使用する際には認可申請が必要です。申請はEU域内の製造者、輸入者、川下企業が行うとされていますので、輸入者が申請できるように貴社は必要な情報を提供する必要があります。

また、附属書XVIIに制限規定のある物質自体および混合物は、その制限条件に合致していない場合には製造・上市・使用してはなりません。したがって、附属書XVIIをあらかじめ確認して対策を講じることが肝要です。

Q27

国内川下企業のREACH規則対応

当社はセットメーカーです。当社に求められるREACH規則での対応とはどのようなことでしょうか。

セットメーカーの主要義務

REACH規則では、完成品（成形品）が一定の条件に該当する場合に、5つの主要義務があります。状況は変化しますので、定期的に以下の事項を確認する必要があります。

1．登録

次の条件を全て満たす場合は、EU域内の製造・輸入者は成形品中の物質を登録する義務があります。

- ・通常に予見できる条件下で輸入した成形品から物質が意図的に放出される
- ・意図的に放出される物質が成形品中に年間1トン以上含まれる
- ・意図的に放出される物質の用途が登録されていない

2．届出

次の条件を全て満たす場合は、EU域内の製造・輸入者は成形品中の物質を届出する義務があります。

- ・成形品中のCLSの輸入量合計が輸入者あたり年間1トンを超え、かつ、濃度が0.1wt%を超える
- ・CLSの用途が登録されていない

CLSはおおむね半年ごとに見直されますので、追加に留意しなくてはなりません。

3．「唯一の代理人（OR）」の指名

EU域外企業である貴社のREACH規則の義務は、貴社製品の輸入者が負いますが、複数の輸入者への個別対応が非効率であるなどの場合、貴社が法的義務を負う「唯一の代理人（OR）」を指名して輸入者の義務を代行させることもできます。

4．情報伝達

　EU域内の完成品輸入者またはORは、川下企業に対して製品中にCLSが0.1wt％を超えて含有する場合には、物質名と安全情報などを伝達する義務が生じ、また消費者からの情報提供要求には、45日以内に無償で応える義務が生じます。

　貴社はサプライチェーンの川上企業から含有物質情報の収集が必要となり、サプライヤーや物質メーカーに状況を理解してもらう必要があります。

　REACH規則前文では「問題となる全ての情報の収集と、リスク管理についての全ての注意事項をサプライチェーン内で伝達する」ことを求め、情報伝達を重要視しています。このためREACH規則の義務を果たす上で、貴社のサプライチェーン管理が重要となります。

5．制限物質の要件確認

　附属書XVIIに収載された物質の制限条件に該当する場合は、その物質の使用は制限されます。制限物質と用途はECHAウェブサイトの「INFORMATION ON CHEMICALS」のページ下部の「Substances restricted under REACH」で確認をすることができます。

　電気電子製品や自動車のカドミウム含有制限と同じような概念の規制で、対象製品や対象物質が幅広く、条件もあり、留意する必要があります。

　制限は、年間の製造量、輸入量が１トン以下であっても適用されます。

 **Q28**

登録義務の判断（化粧品・医薬品）
当社は化粧品や医薬品の原料を製造しています。REACH規則への対応はどのようなことが必要でしょうか。

化粧品原料に関わる法規制

化粧品原料に関わる主な法規制としてはREACH規則と、化粧品規則（(EC) No 1223/2009）が挙げられます。化粧品規則では、配合禁止成分や、制限付きで配合が認められている成分等が定められており、化粧品原料は、これら化粧品規則の成分規制を順守することが必要です。

化粧品原料とREACH規則

化粧品原料については、登録や情報伝達、認可、制限などのREACH規則における基本的な義務は全て適用されます。ただし、化粧品規則によって、人の健康に対する影響については考慮されているため、CSRで化粧品用途での人の健康に対するリスクを考慮しなくて良い、認可や制限で人の健康に対する有害性やリスクのみで認可や制限の対象としない等、一部特例が設けられています。

また、REACH規則では最終製品となった化粧品は混合物として定義されていますが、最終消費者向けの商品で化粧品規則に該当すれば、サプライチェーンにおける情報伝達義務が免除されています。

医薬品原料に関わる法規制

医薬品原料に関わる主な法規制としては、REACH規則と次の医薬品関連規制が挙げられます。

(1) ヒト用医薬品、動物用医薬品に関する許可、監視のための欧州共同体手続を定め、欧州医薬品庁を設立する規則（(EC) No 726/2004）

(2) 動物用医薬品に関する欧州共同体法を制定する指令（2001/82/EC）

(3) ヒト用医薬品に関する欧州共同体法を制定する指令（2001/83/EC）

医薬品原料とREACH規則

　医薬品関連規制の適用を受ける医薬品原料は、REACH規則の対象ではあるものの、「物質の登録」や「川下使用者」、「評価」、「認可」に関する規定は適用されません。これは、既存の医薬品関連規制に基づき、すでに各種データが提出され、医薬品中のこれらの物質に対し、認可が与えられているからです。しかしながら、「制限」や最終消費者向け商品状態の医薬品を除いて「サプライチェーンにおける情報伝達」等の義務は適用されます。

医薬品、化粧品原料としての輸出量管理

　このように、一般的な化学物質とは異なり、REACH規則において、化粧品原料は一部の特例が認められており、また医薬品原料では主要義務の対象外となっています。そのため、EU域内への輸出量に関しても、医薬品や化粧品用と他の用途用で別々に管理する必要があります。例えば、ある物質をEU域内へ年間100トン輸出している場合、その物質を医薬品用で60トン使用し、化粧品の用途で40トン使用したとすると、REACH規則における使用量は化粧品用途の年間40トンとなります。

　医薬品や化粧品の用途で輸出する際は、その用途を注文書に記載してもらったり、インボイスに明記したりし、その記録をデータベース化するなどして、管理することが必要です。これにより、貴社で用途や輸出量の管理・証明が可能となります。

Q29

用途の判断
物質の登録や情報伝達にあたり、その物質の用途情報が必要ですが、「用途」とは何を指すのでしょうか。

REACH規則における「用途」の定義

　REACH規則における「用途」の定義はREACH規則第3条26項で規定されています。その内容を要約すると、「EU域内の製造者または輸入者（行為者）が取り扱う物質や混合物に含まれる物質、または混合物そのものの『行為者によって意図されている用途』であり、行為者自身の用途と直接取引がある川下企業から書面で通知される用途を含む」とされています。

「用途」を示す記述子システム

　自社が取り扱う製品の用途を把握するためには、川上企業と川下企業のサプライチェーンを通じた円滑な情報交換が必要です。このため、用途を類型化した共通用語として「記述子システム」の仕組みが用いられます。具体的には、初期ばく露シナリオ（概要把握）の検討や、IUCLIDというECHAが無料で提供している化学物質の固有および危険特性に関するデータを管理するためのアプリケーションソフトウェアを利用した登録書類作成時の用途区分の選択、取引先への情報伝達などに利用されます。詳しくは、ECHAのガイダンス「情報要件と化学物質安全性評価（CSA）に関する手引」の「R12：用途の説明」で説明されています。

　なお、「R12」での用途は、当初4つの記述子の組み合わせでしたが、2009年11月に公開された「R12」改訂草案（第2版）では、5つの記述子に変更されています。また、2016年4月にリリースされたIUCLID 6においても5つの記述子の区分で構成されていますので、この5つの記述子について次項で説明します。

記述子システムの5記述子

　用途は、次表の5つの記述子の組み合わせとされています。各記述子はリスト化されており、該当項目を選択（該当項目がない場合は「その他」を選択しテキ

スト入力）することで、特定していきます。

用途の記述子

記述子区分	説　　明	分　　類
使用分野 （Sector of Use：SU）	物質が利用される分野 （業種）	27分類[*1]
化学物質製品区分 （Product Category：PC）	物質の用途における機能や 形態	39分類
加工区分 （Process Category：PROC）	物質や成形品の加工工程に 適用される技術やプロセス	29分類
環境放出区分 （Environmental Release Category：ERC）	物質や成形品の加工工程お よび成形品の利用や廃棄に よって生じる環境放出	24分類
成形品区分 （Article Category：AC）	成形品に利用される場合の 成形品の用途	19分類[*2]

　以上のとおり、物質の用途を特定するためには、自社内の既存情報に加え、直下の川下企業から書面で通知された用途を含めた情報を集約することになります。また、集約した情報をもとに用途を類型化し、該当する記述子システムで表現することになります。

　特定された記述子システムは、用途を示す共通用語として、登録の項目やばく露シナリオのタイトル、情報伝達の項目など、様々な場面で利用されることになります。

　また、成形品ガイド（第4版）では、すでに物質がその用途で登録されているかを確認する場合には、登録済み物質の上述の5分野の用途情報だけの比較、確認では、自らの用途との同一性を結論づけるには十分でない場合がある、と指摘しています。SDSなどでできるだけ多くの情報を収集し、総合的に用途の同一性を確認することが必要であると思います。

　なお、物質の登録状況についてはECHAのウェブサイトで確認することができます。このページの検索ワード入力欄に、化学物質名または、CAS No.やEC No.を入力することで、用途情報を含む該当する化学物質に関する情報が取得できます。

---

*1 主な利用分野：3分類、詳細分野：24分類

*2 意図的放出なし：11分類、意図的放出あり：8分類

Q30 営業秘密の保護
化学物質の組成情報など営業秘密の漏えいを防ぐ方法にはどういうものがありますか。

REACH規則による営業秘密の保護

REACH規則では化学物質に関する特定情報、特に作業者や消費者の健康と安全、環境影響に関しては、一般に公開することになっています。

その一方で、知的財産の保護など企業秘密の保持に関しては、正当な理由がある限り尊重されるものとされています。企業秘密の保護に関しては、欧州委員会が「公衆の情報へのアクセスに関する規則（（EC）No 1049/2001）」で知的財産を脅かすような情報請求を拒否すべきことを定めており、REACH規則においても多くの条文に明記されています。

また、化学物質の組成情報や輸出量などの重要情報は、企業の競争力の根幹となるものであり、企業の競争力を危険にさらさないためにREACH規則第10条で営業秘密を守るための方法が提供されています。

CLP規則による組成情報の保護

CLP規則第24条によれば、混合物中の物質の製造者、輸入者または川下企業は、次の条件をともに満たす場合は、安全上最も重要な化学官能基を特定できる化学名もしくは申請の際に指定した代替化学名を、混合物中の当該物質の化学名として使用することを、ECHAに要請してもよいとされています。

(1) 物質がCLP規則附属書Iのパート１に定められた基準を満たす

(2) 当該物質の化学特性がラベルまたはSDSで開示されることで知的財産権が危うくなることを証明できる

唯一の代理人（OR）の活用

EU域内の輸入者が登録を行うために、混合物の組成などの営業情報を登録に必要な情報として提供する必要があります。貴社が「唯一の代理人（OR）」に登録を委託することにより、EU域内の輸入者は川下企業の扱いになるので、貴

社からEU域内の輸入者に、登録に必要な情報の提供を行う必要はなくなり、営業情報が外部に漏えいしません。

GHSの営業秘密保護条項

　2017年に改訂された国連文書である「化学品の分類および表示に関する世界調和システム（GHS）」（第7版）でも、下記の一般原則を設けており、各国の営業秘密保護規定に、この一般原則を取り入れることを推奨しています。

(1) ラベルまたはSDSの記載項目の中で、営業秘密保護の申請ができるのは物質名と混合物中の濃度に制限し、他のすべての情報はラベルまたはSDSで開示すべきである

(2) 営業秘密情報がある場合、ラベルまたはSDSにその事実を示すべきである

(3) 営業秘密情報は要請に応じて、所管官庁に開示するべきである

(4) 緊急事態と決定した場合、機密情報を開示する手段を確保すべきである

(5) 緊急事態でない場合、作業者への機密情報の開示を保証すべきである

(6) 営業秘密情報の非開示が要求された場合、要求に対する代替の方法を規定すべきである

Q31

輸入材料への対応

当社は混合物メーカーで、購入している原料の中の1物質はEUやその他の国からの輸入品で、EUからの輸入品はREACH規則の登録がされていますが、他は登録が確認できていません。どのような対応をすればよいでしょうか。

再輸入品の取扱い

登録済みのEUから輸入している原料については、REACH規則第2条7項(c)(i)(ii)により、再輸入品として扱われ、輸出したものと同一物質であること、SDSの受領を受けていることを条件に、新たに登録などの手続きは必要ありません。

物質の登録の確認

登録が確認されていない物質については登録状況を確認する必要があります。まず貴社のサプライヤーを通じて登録の有無を確認します。情報が得られない場合は、ECHAの物質情報公開サイトで検索することができます。物質名、物質を特定するCAS番号、EC番号（EINECS番号やELINCS番号）から登録物質の情報を検索でき、この中で登録者の情報も見られますので、貴社が輸入している物質がその製造者により登録されているかどうかを確認することができます。

登録されていない場合の対応

REACH規則では同じ物質であっても製造者毎に登録する必要があります。登録は①EUの輸入者が登録する、②その物質の製造者が登録する、③混合物の製造者である貴社がEU域内の「唯一の代理人」を指名して登録する、のいずれかとなります。貴社が輸入している物質が登録されていない場合、登録済みのEUのサプライヤーのデータを使用することが可能です。

Q32

登録した用途の調査

消費者が使用する製品の使用材料について他社が登録している用途を調べたいのですが、どのように確認すればよいのかを教えてください。

ECHAの物質情報公開サイト

　成形品に使用している材料の他社が登録している用途の確認先としてはECHAの物質情報公開サイトがあります。物質の特定情報（CAS No.など）を入力することにより、登録情報を閲覧することができます。

　例えば、エポキシ樹脂などの原料に使用されていますビスフェノールA（4, 4'-isopropylidenediphenol）を検索すると下記のような情報が表示されます。

ビスフェノールAの物質情報

名　称	CAS番号	登録の種類	個人または共同提出	総トン数帯	
ビスフェノールA	80-05-7	すべて		年間100,000〜1,000,000トン	物質登録情報の閲覧先

※ECHAウェブサイトを基に筆者作成。

　この表の右欄は 'View substance registered dossier（物質登録情報の閲覧先）' を意味します。ここをクリックしますと登録情報が表示されます。

　ここではREACH規則で重要な自社が取扱う物質の用途を特定するための情報も入手できます。用途を特定するためにIUCLID 6（2016年4月）に基づき5つの記述子の区分で類型化されています。"Manufacture,use & exposure" の "Life Cycle description" をクリックし、Uses at industrial sites（工業サイトでの用途）でエポキシ樹脂硬化剤の用途が記載されています。加工区分（Process Category；PROC）の分類情報などを確認することができます。

第3章

「登録」にまつわるQ&A

Q33

混合物中のUVCB物質の登録

UVCB物質を含む混合物では各原材料の登録はどうなりますか。

混合物の登録について

　混合物とは化学反応をせずに2つ以上の物質が混ぜ合わさっているものです。REACH規則ではすべての物質を特定して登録することが定められていますので、混合物の場合は各構成物それぞれの登録が必要です。

UVCB物質とその登録

　REACH規則では前文の中で「UVCB物質は、組成が変動するにもかかわらず、有害な特性に著しい差がなく、同一分類であると保証する場合に限り、本規則において単一の物質として登録してもよい」としています。すなわち、その条件に合致する場合には、UVCB物質を構成する複数の物質は、それぞれではなくUVCB物質として登録することになります。

　UVCB物質とは、「未知または可変組成の物質、複雑な反応生成物または生物学的材料（Substances of Unknown or Variable composition, Complex reaction products or Biological materials）」を意味しており、化学的特性だけでは登録のための特定が不可能な物質です。それらは、名称、起源や原材料、製造プロセスなどによって下表の4つのサブタイプに分類されています。

4つのサブタイプ

	起源・原材料	プロセス	例
1	生物学的	合成	カルボキシメチルセルロース
2	化学物質・鉱物	化学反応による合成	ホルムアルデヒド
3	生物学的	精製	脱タンパク膵臓抽出物
4	化学物質・鉱物	化学反応のない合成	石油製品

　しかし、その原材料が化学物質と「他の組成から特定できる物質なのか」、「UVCB物質なのか」の判断は、自社の責任で行うことになります。ECHAは「REACH規則とCLP規則における物質の特定と命名に関するガイダンス」の中で、様々な例示をしています。それらを参考とした慎重な判断が必要です。

Q34

唯一の代理人
唯一の代理人（OR）は登録後に変更してよいのでしょうか。その場合の手順はどうなっていますでしょうか。

第三者の代理人と唯一の代理人（OR）とは

　REACH規則の義務はEU域内の製造者や輸入者、流通者等が対象で、REACH規則の各種手続きを自社で対応するか、「第三者の代理人」を任命し代行させることができます。ただし法的責任は任命元であるEU域内企業が負います。

　一方、EU域外製造者は登録等の手続きを直接実施することはできず、原則、EU輸入者が対応します。しかしながら、営業秘密情報の管理、EU輸入者の対応能力や要請等により、EU域外製造者が登録等の手続きを実施したい場合には、EU域内の「唯一の代理人（OR）」を任命できます。なお、EU域外製造者がORを任命した場合には、EU域内輸入者の法的責任はORが負うことになります。

ORの変更手順

　ORの任命は、EU域外製造者とORとの間のビジネス上の契約によるため、EU域外製造者の意向で変更することができます。ただし、新旧ORがオンラインプラットフォーム「REACH-IT」を通じた次の手続きによって、ECHAへの報告や旧ORが有する情報や役割の新ORへの移管を行わなければなりません。

　⑴　旧ORによるOR変更申請

　　　旧ORがREACH-ITで、変更申請を行い、その旨を新ORに連絡します。

　⑵　新ORによる変更申請の確認・検証

　　　新ORは変更申請を確認し、不備等があれば旧ORに連絡し旧ORが申請内容を修正します。

　⑶　ECHAによる新ORに対するOR変更手数料の請求と支払い

　　　ECHAが手数料請求書を発効し、新ORが期限内に支払いを行えば変更手続きは完了です。

　なお、Brexit後は、英国ORはREACH規則のORではなくなるため、EU域外企業は、Brexit前に英国ORから英国以外のEU内ORに変更しておかなければなりません。

CLP規則とは

CLP規則とはどのような規則でしょうか。また、CLP規則の発効により従来の分類・表示システムから変更になった点を教えてください。

CLP規則の概要

CLP規則は環境や人の健康を高度に保護し、物質や混合物、成形品の自由な移動を促すことを目的として、分類（Classification）、包装（Labelling）、表示（Packaging）について定めた規則です。制定においては国連が勧告したGHS（化学品の分類および表示に関する世界調和システム）を導入しました。

CLP規則は、放射性物質や科学研究目的の物質など一部の除外事項を除き、EU域内で製造・輸入されるほとんどの化学物質が対象です。また、数量にかかわらず、REACH規則で登録の対象外となる年間１トン未満の化学物質も適用範囲に含まれます。

CLP規則でEU域内の製造者や輸入者に対して課せられる主な義務として、次の項目が挙げられます。

１．分類の義務

CLP規則の分類基準に基づき、物質および混合物について危険有害性の分類を行います。なお、CLP規則附属書Ⅵ part 3の表3に収載された物質は、原則として表3が示す「調和された分類・表示」に従って分類します。

２．ラベルによる表示義務

危険有害性を持つ物質または混合物について、使用する労働者や消費者が、適切にリスク管理できるようラベルで情報を伝達します。ラベルは、分類により特定された危険有害性について表示します。なお、「無毒性」や「非有害」など誤解を与える可能性がある文言を容器に表示することは禁止されています。

３．安全な包装の義務

危険有害性を持つ物質または混合物を入れる容器は内容物が漏出しない設計・材料とします。特定の危険有害性のある物質を含む製品を消費者に供給する場合、子供用の留め具や触れることで認識ができる警告（Tactile Warning of

Danger:TWD）などを備えておく必要があります。

４．分類の届出義務

　REACH規則に未登録の危険有害性を持つ物質やそれらを成分として含む混合物の製造者等は、上市から１カ月以内に物質の分類、ラベル表示について、ECHAに届出を行います。届出された物質の分類はECHAが公開するデータベース「C&Lインベントリー」で確認ができます。

５．混合物情報の届出義務

　2017年に新たに附属書VIIIが追加されたことにより、製品を特定できる情報や化学組成を特定できる情報、分類と表示に関する情報など混合物の情報は毒物センター（中毒センター）への届出が新たに義務化されました。毒物センターに蓄積される情報は緊急時に適切な対応を行うために使用されます。

従来の分類・表示システムからの変更点

　分類・表示に関して、CLP規則による主な変更点としては、GHSの導入に伴う、次のような項目が挙げられます。

⑴ GHSの用語に合わせて「調剤」（preparation）を「混合物」（mixture）に変更

⑵ 危険有害性の分類を従来の15分類から28分類に細分化

⑶ 絵表示をGHSと調和したものへ変更

⑷ GHSの注意喚起語の"Danger"や"Warning"の導入

⑸ GHSに従ってRフレーズは"hazard statement"、Sフレーズは"precautionary statement"に変更。該当する"hazard statement"がないRフレーズは「補助ハザード情報」として記載することを要求

Chemical Column③ REACH規則の登録制度

　REACH規則の発効前は、新規化学物質にのみ届出義務がありました。そのため、EU域内で使用されていた多くの化学物質の有害性に関する情報は、ほとんど知られていなかった状態でした。そこで、新規も既存も、年間1トン以上製造・輸入される化学物質について、有害性の情報を収集するために、化学物質の登録制度が設けられました。

　他の国の化学物質の登録・届出制度とは下記が異なります。

・年間1トン未満の新規化学物質であれば、何の手続きも必要がなく、製造・輸入できます。

・ポリマーの登録の義務はありませんが、ポリマー中の2wt%以上で年間1トン以上のモノマーまたは物質について、登録が必要です。

　REACH規則では、段階的導入物質（EUにおける既存化学物質）については、年間量の算出は、継続して事業を行っていれば、過去3年間の平均値とすることができました。この算出方法は2019年12月31日で終了しました。これにより、2020年からは段階的導入物質も非段階的導入物質（EUにおける新規化学物質）は同じ扱いになり、暦年で1トン以上になる前に登録する必要があります。

　登録では、物質の同定が重要です。新規化学物質の場合は、物質名称はIUPAC命名法で行います。近年、新規化学物質の多くはUVCB物質として登録されています。物質の特定のためには、物質の製造方法を明確にし、UVCBであることを科学的に説明することが望まれます。その物質を企業秘密として守るために、登録名称についても注意が必要です。

　登録で提出が求められる情報は、1）物理化学的情報、2）毒性学的情報、および、3）生態毒性学的情報の3分野の情報です。これらの内、2）毒性学的情報と3）生態毒性学的情報については、年間製造/輸入量が増えるに伴い、それらの項目が多くなります。1）で同じ物質であれば、2）および3）の情報は、無駄な試験を避け、企業の負担を軽くするために、共同提出することが求められています。特に、脊椎動物試験が必要な場合には、同じ物質の登録には、1回限りしかできないことになっています。登録をする前に、同じ物質が登録されていないか、ECHAに問い合わせ、登録されている情報の利用を交渉することになります。

Chapter

4

第4章
「成形品」にまつわるQ&A
Q36〜50

Q36

意図的放出がない場合の義務

EUに輸出している成形品に「意図的放出がない」ことの証明は必要なのでしょうか。また、その場合でも何らかのREACH規則の義務が課せられる可能性があるのでしょうか。

成形品に「意図的放出がない」ことの証明

成形品に「意図的放出がない」ことの証明については、特定の記録保存などの証明を行う義務はないものの、法令順守の確認結果の証拠を記録することが望ましいとされています。

成形品ガイド（第4版）の4.1節「成形品から意図的に放出される物質」では、成形品から物質の放出が意図的に行われ、放出した物質が成形品の副次的機能の満たす場合、その成形品は「意図的放出がある」とみなされると記載しています。

同ガイダンスに意図的に放出される物質の事例が複数記載されているので、事例をもとに自主的に判断することになります。

また、成形品に含まれる物質または混合物が「意図的放出」に該当するか否かについては成形品中の物質の義務を特定するための主要な手順を示した同ガイドの図1「REACH規則第7条そして第33条による成形品中の物質の義務特定のための一般プロセス」で確認することができます。

証明に関しても自主的な管理に委ねられているので、義務は発生しないと考えられます。

「証拠」の必要性

成形品ガイド（第4版）の2.6節「証拠書類」に関連の記載があります。

成形品の供給者が、結果として物質または混合物の使用者である可能性を完全には否定できないため、REACH規則第36条に基づき少なくとも10年間は入手可能な関連情報を集め、保存する必要があります。つまり、成形品の供給者が、REACH規則による義務が発生しない場合でも、法令順守の確認結果の証拠を記録することをREACH規則は強く推奨しています。

「意図的放出がない」場合の義務などについて

　REACH規則では意図的放出物が無い場合、「登録」の必要はありませんが、「届出」、「情報伝達」の対応は必要です。

　成形品中のCLSが下記条件を共に満たし、その用途で登録されていない場合はREACH規則第7条に従ってECHAに届出を行うことが必要となります。

(1) 事業者あたりの製造・輸入量合計が年間1トンを超える
(2) 濃度が0.1wt%を超える

　さらに、(2)に該当する場合は、REACH規則第33条に従って川下企業や消費者が安全に使用するために必要な「情報伝達」を行うことが必要です。

第4章

「成形品」にまつわるQ&A

Q37

届出義務の判断
成形品からの意図的放出物質が、その用途について、すでに当社サプライチェーン以外でも登録されている場合、登録または届出義務はないとの理解でよいでしょうか。

登録または届出義務

　成形品からの意図的放出物質が、すでに同一の用途で登録されている場合には、新たに登録または届出をする義務はありません。この要件は、自社のサプライチェーン内での登録か否かは問いません（REACH規則第7条6項）。

　判断に当たっては、登録されている物質が貴社の物質と同じであることおよび登録されている用途と貴社の用途が同一であることを確認する必要があります。

物質の用途の確認

　自社のサプライチェーンで登録されている場合は、SDSで自社の用途が含まれているか、SDSの附属書として作成されたばく露シナリオの条件を適用できるかを確認します。自社サプライチェーン以外で登録されているなど、SDSで確認できない場合、あるいはSDSが作成されていない場合は、物質の供給先へ問い合わせることで用途の情報を得るようにします。貴社のサプライヤー経由で問い合わせると効率的な場合もあります。

　物質の用途は、物質が利用される「使用分野」、物質の用途における機能をあらわす「化学物質製品区分」、加工工程に適用される技術などの「加工区分」、加工工程などで生じる「環境放出区分」、成形品に利用される場合の「成形品区分」の5段階の記述子の組み合わせで定義されます。登録物質の用途の確認は、物質の供給先や登録情報内容から行うことになります。

　他社の登録用途を確認するための情報源としては、成形品ガイド（第4版）中の「3.3.1.1 物質がすでに用途登録されているかを判断するための情報源」でSDSとECHAの物質情報公開サイトが示されています。SDSの附属書に書かれたばく露シナリオを確認し、自社の用途がその条件の範囲内で使用できるかを調べます。また、ECHAのサイトでは、物質名、物質を特定するCAS No.、EC

No.（EINECS番号やELINCS番号）から登録物質の情報を検索できます。

用途が登録されていない場合の対応

　供給先のサプライチェーンの物質メーカーがすでに貴社成形品中の物質の登録を行っていても、貴社の用途が登録されていない場合には、物質メーカーに必要な情報提供を行い、貴社の用途を登録してもらうよう働きかける必要があります。また、化学物質安全報告書（CSR）を自ら作成することにより、川上企業に対して営業秘密を保持することもできます。

Q38

輸出者当たり年間1トンを超える場合の対応

当社の成形品に含まれるCLSが複数の用途で使用されていますが、それぞれの用途では1トン以下ですが、輸入者当たりで年間1トンを超えている場合、届出は必要でしょうか。

成形品中のCLSの届出

　認可対象候補物質リストに収載された物質を成形品中に0.1wt%以上含有し、かつ届出者当たりの製品中の総量が年間1トン以上になる場合には届出が必要です。

　ご質問は、成形品中のCLSの重量が輸入者当たり年間1トンを超えている、ということですが、使用量だけでなく濃度を確認する必要があります。成形品中に0.1wt%以上含有していれば届出が必要です。

　EU域内のある輸入者が貴社の製品AとBを輸入しており、両製品中に同じCLSを、各々0.1wt%を超えて含んでいる場合、製品AとBに含まれているCLSが年間1トンを超えていれば届出が必要となります。届出は、成形品中のCLSの重量が輸入者当たり年間1トンであり、貴社からの製品の合計が年間1トンを超えていなくても、他社からの製品で同じCLSを含んでおり総量として年間1トンを超えていれば届出が必要です。

届出方法と内容

　届出対象者は成形品の製造者あるいは輸入者ですが、欧州域外の成形品の製造者は、「唯一の代理人」を指名して届出を行うことが可能です。

　成形品のEU内生産者または輸入者が対象となり、ECHAのウェブサイトでREACH-ITを利用して届出を行います。届出内容は、物質の識別（物質名、CAS番号、EC番号など）、届出者の身元と詳細な連絡先、物質の分類、成形品に含まれる物質の用途および成形品の用途についての簡単な記述とトン数範囲です。

届出の除外要件

　REACH規則には届出の除外要件が次のように規定されています。どちらか１つでも該当する場合には、届出が除外されます。

- (1) 廃棄を含む通常のまたは予測可能な使用条件下で、人または環境へのばく露を排除できる場合（第７条３項）
- (2) その用途についてすでに登録されている物質（第７条６項）

　届出者は、上記(1)の「ばく露を排除できること」を受領者に説明できる必要があるとされています。廃棄を含むすべてのライフサイクルの段階で「ばく露がない」ことを証明しなければなりません。ばく露の除外を正しく評価・文章化することや、その物質がすでに特定用途で登録されていることを調査することは　多くのリソースを必要とし困難です。慎重な判断と対応を行うとともに、その検討の過程を明確にしておくことが重要です。

　また、上記(2)の「用途についてすでに登録されている」場合には、サプライチェーンに関係なく、濃度が0.1wt%を超え、輸入者当たり年間１トンを超えている場合も除外要件(2)により届出の必要はありません。

　物質の登録はサプライチェーン内でされていることが必要ですが、届出はサプライチェーンとは関係ありません。ただし、「用途」とはあらゆる加工、配合、消費、貯蔵、保管、処理、容器への充填、１つの容器から他の容器への移し替え、混合、成形品の製造その他あらゆる用途を指します。

容器中に含まれるCLSの届出

当社ではポリプロピレン製の容器に入れて製品をEUに輸出しています。この容器にCLSが含まれている場合、「届出」は必要でしょうか。

容器中のCLSの扱い

　　ポリプロピレン製容器は生産時に与えられたその化学組成よりも特定の形状、表面またはデザインが大きく機能を決定しているので、それ自体で成形品であり、したがってその中に収容される製品とは別に評価する必要があります。

　　容器中に含まれるCLS濃度計算は、含まれるCLSの合計ではなく、個々のCLSについて算出します。

　　すなわち、含まれている個々のCLS重量をポリプロピレン製容器の重量で割ることにより、各CLS濃度を計算します。

　　この計算方法でCLS濃度計算を行った結果が、少なくとも1つのCLSについて0.1wt%超の濃度であり、かつ、その物質のEU域内輸入者当たりの、すなわち輸入者が貴社製品を含めての取扱量が年間合計1トンを超える場合には、その物質の届出が必要となります。

　　ただし、下記2条件のいずれかが適合するときは、届出は免除されます。

⑴ 通常条件での使用および廃棄に関して、人または環境へのばく露を回避できる場合

⑵ 物質が同一用途においてすでに登録されている場合

　　なお、貴社は容器をEUへ輸出していますので、届出は輸入者あるいはEU域内の唯一の代理人が行うこととなります。輸入者が行う場合には、貴社は輸入者に対し、その物質の名称、分子式、不純物、分類、トン数帯、その物質および成形品の使用用途等、届出に必要な十分な情報を提供する必要があります。

ばく露回避の可能性

　　貴社が用いるポリプロピレン製容器に含まれる物質（容器の塗料やラベルのイ

ンクの顔料として使用される物質を含む）中のCLSについて、上記の届出免除の条件(1)である人や環境へのばく露回避の可能性について考えてみます。

貴社商品の通常予測可能な使用条件下では、ポリプロピレン製容器（成形品）に触れることがばく露になり、顧客への安全取扱いの情報提供が重要になります。容器は内容物と分離され、単独で使用されることも多いので、その点への配慮も必要です。

一方、包装容器の廃棄のプロセスについては、焼却による場合には有害性が無くなる可能性はありますが、破断処理や埋立てでは含有される物質は変化せず、それが環境に漏出する可能性があり、ばく露回避の制御は困難です。

以上のように通常予測可能な使用条件は、廃棄プロセスも含めて考えますと、環境へのばく露が懸念され、この回避を完全に保証できないとすれば、REACH規則第7条3項による届出免除の適用は難しいと思われます。

届出の必要性

成形品に含まれる物質の登録または届出は、その用途についてすでに登録されていれば不要です。したがって、貴社が輸出する製品に含まれる物質が、同一用途で登録されているか否かを調べることは重要な作業です。

物質の登録は段階的導入物質の予備登録を2018年5月で終了し、現在は未登録の既存物質および新規物質について登録が進められていますが、登録物質の用途は、物質が登録された後、公開される情報を見れば知ることができます。

なお、包装容器に関しては、包装廃棄物による環境汚染の抑制および防止を目的とした「包装および包装廃棄物に関する指令（94/62/EC）」が出されており、危険有害性物質の削減もその1つとして要求されています。

また、ポリプロピレン製容器を食品の収納に使用するのであれば「食品接触材料に関する規則（Regulation 10／2011）」（Plastic materials and articles intended to come into contact with food, 通称：PIM）の規制を受けます。この規則において製造に意図的使用物質として利用できるのは、モノマー、添加剤、ポリマー製造助剤等、同規則附属書Ⅰのユニオンリストに収載された物質のみです。

成形品輸入者の義務

当社のEU販売代理店は、当社以外にも複数の企業から成形品を輸入しています。代理店の輸入する成形品がCLSを0.1wt%を超えて含有する場合、代理店には何らかの義務が発生するのでしょうか。

成形品に含まれるCLSの総トン数計算

　貴社のEU販売代理店は、輸入している全ての成形品について、0.1wt%超のCLSごとに含有量を合算し、同一のCLSの量が年間で１トンを超えているかどうかを判断する必要があります。

　REACH規則第７条では、年間１トンを超える化学物質を製造または輸入する企業が規制を受ける対象であると規定しています。貴社のEU販売代理店は貴社以外からも複数の企業から成形品を輸入しているので、輸入している成形品がCLSを0.1wt%を超えて含有し、それらに含まれるCLSの合計が年間で１トンを超える場合には届出義務が発生します。

　例えば、貴社の販売代理店はCLSである物質Xを6.0wt%含有している成形品Aと4.0wt%含有している成形品BをEU域外から年間でAは500個、Bも500個輸入しているとします。成形品の重量がAは20kg、Bは25kgの場合、CLSの総量は以下のように算出できます。

　CLS合計量　1.1トン

　成形品A　500個×0.020トン／個×0.06（X含有率）＝0.6トン／年間

　成形品B　500個×0.025トン／個×0.04（X含有率）＝0.5トン／年間

　年間での輸入総量が1.1トンで１トンを超えますので貴社の販売代理店はECHAへの届出を行う義務があります。

　ただし、次のいずれかに該当する場合は届出の適用が除外されます。

⑴ 通常条件での使用および廃棄に関して、人または環境へのばく露を回避できる場合

⑵ 物質が同一用途において既に登録されている場合

　なお、CLSの届出の期限はCLSが特定された日から６カ月以内です。

情報伝達の義務

　REACH規則第33条では、新たに追加されたCLSが成形品中0.1wt%を超える場合、EU販売代理店は川下企業や消費者に対して情報伝達の義務が発生します。CLSの年間合計が１トン以下の場合、届出の義務は発生しませんが、情報伝達の義務は発生します。2019年９月現在、CLSとして認可候補物質リストに201物質が記載されていますが、今後さらに追加されていきます。今後のCLSの追加等についてはECHAウェブサイト上で発表されるニュースリリースなどに注意を払う必要があります

今後の貴社の対応

　EU域外にある貴社はREACH規則の適用外ですので、情報伝達義務はありませんが、貴社のEU販売代理店には川下企業や消費者への情報伝達義務があります。したがって、販売量にかかわらず、貴社は川上企業から物質の情報（含有量、用途、分類など）を入手しておき、EU販売代理店からの各種の問合せに対応できる体制を構築しておくことをお勧めします。

　通常、年に２回、CLSの追加指定がECHAから公表されますが、EU販売代理店としてはすでに輸入済みで在庫として保有している成形品についてもCLSの含有情報を伝達する義務が発生します。これまでは情報伝達義務の対象ではなかった物質も貴社に情報提供を要求してくることがあります。貴社としては、現状のCLSの含有状況に加えて、今後追加指定される物質に関する情報にも注意を払う必要があります。

CLSの含有分析

当社は部品メーカーです。川下の企業より、CLS含有の有無を分析するよう求められていますが、どのように対応したらよいでしょうか。

CLSの含有分析

　　製品におけるCLSの含有は、川上企業から購入した物質・混合物に含有される場合と、貴社の製造過程で添加・混入することにより含有される場合、の2つのケースが考えられます。また、CLS含有の有無を証明できれば、必ずしも分析が必要とは限りません。

購入した物質・混合物の含有調査

　　貴社で購入している物質のCLSの含有は、原材料の購入スペックや物質検査書、SDSで濃度が0.1wt%以下かどうか確認します。

　　SDSでCLS含有の詳細情報が提供されない場合は、貴社の川上企業に購入した物質の情報提供を求めることになります。

　　川上企業への情報提供要求は、場合によっては取引契約の中での要求となりますが、営業秘密などを理由に含有率の開示を拒まれる場合も考えられます。その場合は川下企業に営業秘密により情報を入手できない旨を説明し、理解してもらうよう努めます。

　　その他、地方公共団体が運営している地域の公的産業支援機関に購入品の成分分析を依頼する方法もあります。

製造工程での混入調査

　　製造工程でCLSが使用されていれば、製品中にCLSが混入することが危惧されます。

　　貴社製造工程で製品中にCLSが混入していないことを証明できる方法として、社内の品質マニュアル、QC工程図、作業指示書および各工程の検査データなどを用いることができます。

これらによって、製造工程内でCLSを厳密に管理し、製品中にCLSが混入するリスクが低いことを証明することができます。

情報ツールの活用

　CLSが製品中にどれだけ含有しているかについてはサプライチェーンの川下に行くほど把握が困難です。REACH規則対応では、サプライチェーン全体での適正な情報管理が重要です。製品含有化学物質情報の新たな伝達スキームとしてアーティクルマネジメント推進協議会（JAMP）の「chemSHERPA」があります。「chemSHERPA」はCLSも管理対象物質としています。

　「chemSHERPA」は業種・製品分野に限定せず、サプライチェーン全体で利用可能な情報伝達の仕組みを提供していて、国際標準IEC62474に準拠した共通データフォーマットを採用しています。共通フォーマットを利用して、海外の川上企業でも入力したデータを自社のデータベースへ取り込むことができます。

　「chemSHERPA」により、サプライチェーン間のCLSを含めた製品含有化学物質の情報伝達が確実かつ効率的に行うことが可能です。

　「chemSHERPA」は川上企業、川下企業を含めたサプライチェーン全体が導入することで、効率的かつ確実な製品含有化学物質情報の伝達が可能になります。川上企業・川下企業と情報交換を密にするなど信頼関係醸成のための活動を普段より行っておくことも有益です。

製品の流れと情報ツール

日本

物質・混合物　　　成形品　　　輸出　　　　　　EU

| 川上企業 | → | 川中企業 | → | 川下企業 | → | EU域内の製造者・輸入者 |

chemSHERPA（化学物質情報・混合物情報）

chemSHERPA（成形品中の化学物質情報）

Q42

成形品の義務
成形品に含まれる物質が、通常のまたは予測可能な条件下で、意図的に放出しない場合の義務はないでしょうか。

成形品の製造者および輸入者に課せられる義務

　成形品中に含まれる物質に関して、その成形品を製造または輸入するEU域内の企業に課せられる義務は次の2点です。

1．意図的放出に関連する登録義務

　REACH規則第7条で、以下の条件を満たす場合、登録が必要となります。

・通常および当然予見できる使用条件下で、その成形品から物質が意図的に放出されている。

・意図的に放出される物質が成形品中に、年間に1生産者または輸入業者当たり1トンを超える量で存在する。

・その用途が登録されていない。

2．CLSに関連する届出義務およびサプライチェーンでの情報伝達義務

　意図的放出が無い場合であっても、成形品にCLSが含まれる場合には届出および情報伝達の対応が必要になります。ご質問は意図的放出がない場合という条件ですので、「CLSに関連する届出義務およびサプライチェーンでの情報伝達義務」を説明します。

CLSに関連する届出義務

　以下の3つの条件を満たす場合、届出が必要となります。

(1) CLSが成形品中に、0.1wt%を超える濃度で存在する。

(2) CLSが成形品中に、年間に1製造者または輸入者当たり1トンを超える量で存在する。

(3) その用途が登録されていない。

　成形品における届出義務の有無を確認するには、まず「成形品中にCLSが含まれているかを確認すること」が必要です。CLSはREACH規則の附属書XIVに収載される認可対象物質の候補になる物質です。CLSは以下の性質を持つもの

が対象となり、ECHAおよびEU加盟国が候補として提案し、一定の手続きを経て認可対象候補物質としてリストに収載された物質です。

(1) Regulation（EC）No 1272/2008の附属書IIに示されている発がん性のカテゴリー1Aまたは1Bに該当する物質。

(2) Regulation（EC）No 1272/2008の附属書IIに示されている変異原性のカテゴリー1Aまたは1Bに該当する物質。

(3) Regulation（EC）No 1272/2008の附属書IIに示されている生殖毒性のカテゴリー1Aまたは1Bに該当する物質。

(4) REACH附属書XIIIの基準による残留性、生物蓄積性、有毒性の物質。

(5) REACH附属書XIIIの基準による極めて残留性が高い、極めて生物蓄積性が高い物質。

(6) 内分泌かく乱物質など附属書XIVに含まれうる物質。

CLSは届出対象物質となりますが、その後認可対象物質となった場合も認可対象候補物質リストから削除されませんので、届出の義務が継続します。

サプライチェーンでの情報伝達義務

成形品中にCLSが0.1wt%を超えて含有される場合は、川下ユーザーや消費者に対して下記の情報の伝達義務があります。

伝達する情報は、サプライヤーから得た情報を物質ごとに把握し、正しく伝達することになります。サプライヤーから得たSDSに、自社の用途が記載されていない場合、サプライヤーに自社の用途を書面で通知し、その内容を盛り込んだSDSを請求するなどの対応が必要になります。

危険な物質を含む成形品の上市および使用に関する制限

成形品の製造者および輸入者に課せられる義務は前述の通りですが、それとは別に成形品に附属書XIV収載の認可対象物質が含まれている場合には、REACH規則第56条により成形品に関する認可申請の義務があります。

Q43

成形品の情報提供

成形品にCLSが0.1％以上含有しておりますので、製品取扱説明書と一緒に含有物質名と安全取扱情報をウェブサイト（英語、中国語、日本語）で表示したいと思います。製品ラベルにはURLをQRコードで表示します。この対応でよいでしょうか。

情報伝達の方法

　REACH規則第33条では、「成形品中に認可対象候補物質を0.1wt％を超える濃度で含有する場合には、当該物質名を含む成形品の安全な使用に関する情報を伝達する法的義務がある」と規定しています。

　情報伝達の具体的な方法ですが、REACH規則では成形品の情報提供のための様式は特定されておりません。成形品ガイド（第4版）では、「最低限の情報としてCLSの名称は提供しなければならない」としていますが、「サプライチェーンを通して標準的な様式（たとえば質問状）で情報を要求することができ、どのような情報が必要で何が必要ではないかを特定することができる」としています。伝達のための情報提供様式の例として、物質名、CAS No.、分類およびCLSの特性、成形品中の濃度、安全な取扱いに関する情報が挙げられています。

　ここで、製品取扱説明書と一緒に含有物質名と安全取扱情報をウェブサイトで行うということについては、使用者に自動的に伝達されなければならないという「情報伝達の義務」に適合しない可能性があります。また、REACH規則第31条5項では、「関連する加盟国が別に定めない限り、物質または混合物が上市される加盟国の公用語により、安全データシートが提供されなければならない」と規定されておりますので、どの言語を使用するかについては、輸出先企業が使用する言語を確認し、先方が理解できる方法を適用する必要があります。

製品ラベルの表示方法

　次に、製品ラベルの表示方法ですが、URLをQRコードで表示する方法の場合、ネットワークが利用できない場合はその製品情報を使用者が参照できない状態と

なるため、製品から直接使用者がそのラベル情報を確認できる方法であることが望ましいと考えられます。

　また、REACH規則第33条で規定する情報伝達義務に関係する他の法規制では、2018年６月に廃棄物枠組み指令（WFD）が改正されました。この改正によりREACH規則第33条の情報伝達の対象となる成形品の供給者には、2021年１月からECHAへの届出が義務づけられることになります。現在は、ECHAに届出されたデータを格納して廃棄物処理業者や消費者に開示するための成形品データベースの構築が進められています。

　一方で、REACH規則第33条による消費者の知る権利を確保するための自主的な取組みとして、ECHAで開発中の成形品データベースに先駆けて「AskREACH」プロジェクトが進められています。これはプロジェクトで定める５つの項目を目的として、成形品中のCLS含有情報データベースを整備し、消費者がスマートフォン等によってCLS含有情報を確認することができる仕組みを構築するとともに、サプライチェーンを通じた情報伝達のための既存ツールの評価や検証等を実施するプロジェクトです。

　WFDに基づく義務も、AskREACHによる活動もEU域内の成形品供給者が対象であるため、日本等EU域外の成形品供給業者に直接影響を与えるものではありませんが、今後CLS情報開示の要請が高まってくることも想定されますので、確実に自社製品中のCLS情報を把握し、情報の提供方法を検討することをお勧めします。

Q44 認可対象物質となったCLSの扱い

REACH規則で認可対象候補物質リストから認可対象物質として附属書XIVに収載されると、認可対象候補物質リストから削除され、CLSの非含有証明書を発行できますか。

CLSの非含有証明書

　認可対象物質は、認可対象候補物質（CLS）の中から、REACH規則第58条の手続きを経て認可対象物質として附属書XIV（認可対象物質）に収載されます。しかし、認可対象物質になっても認可対象候補物質リストからは削除されることはなく、そのままリスト中に残ります。

　非含有証明書とは、サプライヤーから顧客に対して供給する製品中に規制対象となる物質が含有されていないことを証明する文書で、顧客側からの求めに応じてサプライヤーから交付されます。

　認可対象物質はリストからは削除されないため、認可対象物質を含んでいる製品は、CLSを含んでいることにもなるので、CLSの非含有証明書を発行することはできません。

　なお、成形品に関しては、CLSが含まれている場合、その量が製造者または輸入者当たり合計年間１トンを超え、かつ濃度が0.1wt%を超える場合には届出が、また濃度が0.1wt%を超える場合には顧客または消費者への情報伝達（消費者に対してはその求めに応じ、45日以内に無償で）が必要です。

　このCLSが認可対象物質になった場合には、認可を取得しない限りEU域内でのその成形品の組込みはできなくなります。

　一方、EU域外で製造され、EU域内に輸入されるCLSを含む成形品に対しては、そのCLSが認可対象物質となっても輸入や上市はできますが、上記のCLSに対する届出や情報提供の義務は継続されます。

　ただし、その物質に対する十分なリスク管理がなされていないとEU委員会が判断した場合には、その成形品中の物質は制限対象に移行される場合があります。

Q45

包装資材中のCLS

製品の包装資材の１つにCLSが0.1wt％を超過するものがありますが、包装・梱包資材全体でみるとCLSは0.1wt％を超過しません。このような場合、CLSの情報伝達義務の対象となるのでしょうか。

第４章
「成形品」にまつわるQ&A

情報伝達義務の対象

　包装・梱包資材の中に１つでも認可対象候補物質（CLS）が0.1wt％を超過する成形品がある場合、CLSの情報伝達義務対象となります。

　REACH規則第33条において、CLSを0.1wt％を超える濃度で含む成形品の供給者は、安全な使用を認めるのに十分な情報を受領者に提供することが義務づけられています。

　製品の包装・梱包資材についてREACH規則の成形品の定義に合致するものは成形品とみなされます。成形品ガイドの「2.5 包装」によると、包装・梱包資材はその化学物質構成よりも形状・表面・デザインが包装・梱包機能として重要であると記されています。よって、包装・梱包資材は物質・混合物ではなく、独立した成形品としてみなされます。CLSの含有は包装・梱包材全体として判断するのではなく、段ボール、テープ、ネジといった個々の成形品単位でCLSが0.1wt％を超過しているかを判断します。

　例えば、段ボールボックスによる梱包にガムテープが貼られている場合は、段ボールボックスとガムテープのそれぞれが成形品であり、それぞれCLSの含有が0.1wt％超えていないかを確認し、0.1wt％超過の場合はCLSの物質名称や含有率などを受領者に情報伝達する必要があります。また、輸送用のパレットの接合のためにボルト・ナット等のネジ類が使用されることがあります。この場合、パレット本体およびボルト・ナット等のネジ類について、パレットを構成する部品単位でCLSの含有が0.1wt％を超えていないか確認する必要があります。

　その他、包装資材として、接着剤によって接着された合板、グリースを塗布したネジ、ポリ袋、乾燥剤、湿度インジケーターなど用途によって様々な材質が使い分けられています。

Q46 成形品中にCLSが0.1wt%超含まれている場合

成形品にCLSが0.1wt%以上含有している場合の情報伝達は利用可能な情報を提供すればよいとのことですが、この解釈を教えてください

成形品中にCLSが0.1wt%超含まれている場合の情報伝達義務

　REACH規則は第33条において、成形品中にCLSが0.1wt%超含まれている場合は、EU域内の成形品の供給者は供給先に対し利用可能で、成形品の安全な使用を認めるに十分な、少なくとも物質名を含む情報を提供することを義務づけています。その他、供給先以外にも消費者からの要求があれば、同種の情報を情報要求から45日以内に無償で提供することを規定しています。

利用可能な情報提供とは

　成形品の供給者は、サプライチェーンの川下ユーザーや消費者がCLSを0.1wt%以上含有する成形品を安全に使用できるための十分な情報を提供する必要があります。川下ユーザーや消費者はその情報を利用して成形品中のCLSのリスク管理を行うことになるので、その情報は川下ユーザーや消費者が容易に理解でき、しかも、リスク管理に利用可能なものでなければなりません。

　義務となっている物質名以外に追加すべき情報は川下ユーザーや消費者の専門知識の有無や使用方法により異なります。供給者は川下ユーザーや消費者が成形品中のCLSについてどの位の知識を有しているのか、成形品をどのように使用し、どのようなばく露やリスクが発生するのか、そして、リスクを管理するにはどのような情報が必要なのかを考慮して、提供する情報を選定する必要があります。

具体的にどのような情報が必要か

　REACH規則第33条では具体的にどの情報を提供すべきか記載していません。そのため、提供すべき情報は成形品の供給者が製造から廃棄まで全てのサイクルや考えることのできる全ての使用方法を考慮して、自主的に選定することになります。古い情報ですが、ECHAの成形品ガイドの第1版（2008年5月発行）では

成形品中のCLSに関する伝達内容が例示されています。

   (1) 物質名

   (2) CAS番号

   (3) 登録番号

   (4) C&Lインベントリの分類

   (5) 成形品中の濃度

   (6) 安全な取扱いに関する情報（適切な場合は安全な廃棄を含める）

  (6)の安全な取扱いに関する情報に関しては成形品の購入者が専門的な事業者なのか消費者なのかで変わります。例えば、川下ユーザーが専門的な使用者であれば、「子供に手を触れないところに保管する」等の情報は不要ですし、逆に川下ユーザーが消費者の場合は同情報を提供することは必要不可欠です。

  同じCLSを0.1wt%以上含有する成形品であっても川下ユーザーや使用方法が異なれば、伝達すべき情報の内容も異なります。そのため、成形品の供給者は成形品の使用者が誰なのかを想定して、提供する情報を選定する必要があります。

Q47 CLSを含む研究開発用素材（成形品）

EU域内の顧客に研究開発用素材（成形品）を輸出することになりました。その素材にはCLSが入っていますが、１トンを超えても届出は不要でしょうか。

CLSを含む成形品に対する義務

　成形品の場合、成形品の生産者あるいは輸入者は、REACH規則第７条２項により、含有するCLSが輸入者当たり年間１トンを超えてEU域内に輸入され、成形品中のCLSの含有量が0.1wt%を超える場合はECHAに届け出る義務があります。

研究開発用素材の届出と情報伝達

　製品や工程を見極めるための研究開発（PPORD）に用いられる物質については、登録や届出が猶予され（第９条）、また、認可や制限について免除される場合（第56条３項、第67条１項）がありますが、成形品にCLSが含まれる場合の届出については一般品と同様の扱いになります。そのため、１トンを超える場合にはECHAへの届出、川下企業への情報伝達が必要です。

　川下企業への情報伝達は、第33条により、供給者に利用可能で、成形品の安全な使用を認めるのに十分な情報（少なくとも物質名を含む）を、成形品の受領者に提供する必要があります。同条には上記情報を消費者の求めに応じて、求めを受けてから45日以内に提供しなければならないという規定もありますが、PPORD用途の場合は、商業目的で一般公衆には利用されないことを前提としていますので消費者への情報提供は考慮する必要はありません。成形品に含まれるCLSに関する伝達のための情報形式は、成形品ガイドおよび「川下ユーザーのためのガイダンス第2.1版」に表形式で例示されています。

ECHAによる登録の要求

　なお、ECHAは以下の点を疑う根拠を持っている場合、その用途について登録

を要求することができます。

　(i)　物質が成形品から放出されること、 および

　(ii)　成形品からの物質の放出が人の健康または環境に対するリスクを生じること

　しかし、PPORD用途の場合はPPORD通知をECHAに提出することによって5年間の登録義務から免除することができます。PPORD通知では以下の情報をECHAに届けなければいけません。

　(a)　製造者もしくは輸入者または成形品の生産者の身元

　(b)　物質の識別

　(c)　物質の分類

　(d)　物質の推定される量

　(e)　顧客の名称と所在地を含む顧客のリスト

　また、ECHAはこの情報の完全性を審査し、上記（e）でリスト化された顧客の職員によってのみ、適正な管理条件下で、労働者と環境の保護に関わる法規の要件に従って取り扱われること、また物質自体、成形品に含まれる物質がいかなる場合でも、一般公衆に利用されず、免除期間後に残った量が廃棄のため再回収されることを確実にするために、条件を課すことを決定することができます。

複数の樹脂を射出成形する際の情報伝達

当社は顧客図面により樹脂の射出成形を行っています。樹脂は仕様に合わせて複数を混合しています。顧客から成形品のSDSを要求されていますが、複数の樹脂のSDSを提出することでよいのでしょうか。

SDSによる情報提供

　貴社は複数の樹脂を混合して射出成形にて成形品を製造しています。REACH規則はもとより、日本の労働安全衛生法等においても、SDSの提供は物質や混合物が対象となっており、成形品は義務の対象ではありません。

　そのため、ここでは顧客がSDSそのものを求めているのではなく、貴社が提供する成形品中のCLS等の含有情報を確認したい意向であることを前提として回答いたします。

　成形品中のCLS含有情報を提供する場合、原則として貴社が提供する成形品単位で情報を提供することが求められます。しかしながら、射出成形の場合は、製造工程における物質の変化が想定されないことから、材料となる樹脂の成分情報とその混合比から、成形品中のCLS含有情報等を把握することができます。今回のご質問の場合、成形品が顧客図面によるもののため、貴社の顧客は樹脂の種類や混合比についての情報を持っていると考えられます。したがって、貴社が材料となる樹脂のSDSを提供することで、SDSに記載された成分情報に基づき、顧客は成形品中の成分と含有量を把握することができます。

成形品の情報伝達手段

　貴社が入手している樹脂のSDSは、日本の法規制に対応した記載内容であると想定されます。よって、REACH規則が求める成形品中のCLS含有情報や海外の製品含有化学物質規制の対象物質が、SDSの成分情報として開示されていない場合等、REACH規則へ対応するための情報として不十分な場合もあります。

　そのため、日本国内では、CLS等の製品含有化学物質情報に対するサプライチェーンでの情報伝達にあたり、「chemSHERPA」などの情報伝達フォーマッ

トを活用する企業が多くなっている状況です。

　「chemSHERPA」は国際化を視野に入れた含有化学物質の情報伝達フォーマットであり、化学品の情報伝達に対応した化学品データ作成支援ツール「chemSHERPA-CI」と、成形品の情報伝達に対応した成形品データ作成支援ツール「chemSHERPA-AI」を提供しています。貴社がSDSとは別に、樹脂のサプライヤーから製品含有化学物質規制対象物質の情報を「chemSHERPA-CI」で収集し、その情報をもとに、REACH規則のCLSをはじめとする様々な製品含有化学物質規制の対象物質に関する情報等を入力・選択することで、貴社が提供する成形品単位の「chemSHERPA-AI」を作成することができます。

　このようなサプライチェーン全体における標準化を目的とした情報伝達フォーマットの効果的な活用は、貴社内の業務負担を軽減しつつ、各種法規制に対応した適切な情報伝達を可能とします。

ばく露しないような保護をしている場合の義務

成形品中にCLSを使用しています。使用者にばく露しないような保護をしている場合は、届出や情報伝達の義務はないとしてよいでしょうか。

届出義務

　成形品中にCLSを0.1wt%を超える濃度で含有し、かつ、そのCLSが年間１トンを超える量の物品を製造・輸入する場合は、ECHAにその物質の届出を提出する義務があります（REACH規則第７条２項）。

　また、廃棄を含む通常または予測可能な使用条件下で、人や環境へのばく露を排除できる場合は、届出は不要であり、成形品の受領者に適当な説明書を提供しなければならないと規定されています（同第７条３項）。

　以上のように、成形品中にCLSを使用していても、使用者にばく露しないように、また廃棄段階で外部にばく露しないように保護している場合には届出の義務は除外されます。

ばく露しない要件について

　ECHAの成形品ガイド（第４版）では、届出の除外を受けるために人や環境へばく露しないことを示すことについては、十分に留意するように注意喚起をしています。

　まず、ばく露しないことについて当局に提示できるように文書化するべきと記載しています。耐用年数および廃棄段階で人または環境にばく露しないように示す必要があります。

　ばく露しないことを示すには以下の項目などを含むことが必要です。
・廃棄段階で成形品が開かれたり破損したりする可能性が低い理由
・様々なライフサイクル段階での安定性および成形品への結合の説明
・成形品内で不動であり移動しないという証拠または正当な根拠
・熱処理などの廃棄処理により、成形品から放出された物質が技術的方法によって捕捉されているか、物質が分解されているという証拠

また、物質名とその識別番号、成形品の説明、使用条件および廃棄経路や、成形品マトリックス内の物質量および物質の濃度に関する情報などが必要です。

成形品の設計では、使用時にばく露しないような工夫を行うことは可能ですが、使用後にどのような廃棄方法を採るか判断できない状態で、廃棄による人や環境へのばく露を完全に防ぐことは現実的には極めて難しいと思われます。

これらのことから、完全にばく露しないと確信できない限りは、ばく露しないように保護している場合でも、届出を行う方向で準備されることが望ましいと考えられます。

情報伝達義務

成形品の供給者には、以下に示しますように成形品の受領者および消費者への情報伝達の義務があります（REACH規則第33条）。

⑴ 成形品中にCLSを0.1wt%を超えて含有する場合は、成形品の受領者に対して供給者に可能ならば物質名を含め、安全に使用できることが確認可能な十分な情報を提供

⑵ 成形品中にCLSを0.1wt%を超えて含有する場合は、消費者からの求めに応じ、供給者に可能ならば物質名を含め、安全に使用できることが確認可能な十分な情報を、要求を受けてから45日以内に無償で提供

このように、情報伝達義務は成形品中のCLSの含有が基準となっておりますので、成形品にCLSを0.1wt%を超えて含有する場合には、ばく露が保護されていた場合でも情報伝達の義務が生じます。

サプライチェーンを通じて合理的に予見可能な全ての手順と活動を考慮した対応が必要となることに留意が必要です。

ナノコーティングされた木製食器のEU規制

ナノコーティングがされた木製の食器をEUに輸出する予定です。EUの規制を教えてください。

食品に接する製品に対する規則

食器に関するEUの規制にはいくつかの規制があります。

一般消費者向け製品に対しては、一般製品安全指令（Directive 2001/95/EC general product safety：GPSD）が適用されます。GPSDの要求では、生産者は安全な製品のみを流通させる義務があります。「安全な製品」は「通常のまたは合理的に予見できる使用条件下で、その製品を使用してもまったく危険がない、あるいはその使用と矛盾しない最小の危険しか与えない」と定義されています。

食器は「食品と接触することを意図する素材および製品に関する規則：Regulation（EC）No 1935/2004」で規制されています。食器や調理器具など、食品に接する素材および製品とは、完成した状態で、①食品との接触が意図される、②すでに食品と接触しておりその目的が意図されていた、③通常の予見可能な使用条件の下で食品に接触する、④成分が食品に移行することが当然のこととして予期される、すべての素材および製品に関する規則です。通常の使用条件の下で、人の健康を危険にさらす、食品の構成に許容範囲以上の変化をもたらす、食品の味・匂いなどの官能特性に変質を引き起こす、というような食品への成分移動があってはならない、とされています。

食品との接触とは、包装、容器、調理器具など接触が意図されるすべての素材および製品を意味し、プラスチック、ゴム、紙、金属類など、様々な素材から作られます。加工機や生産機に使用されるもの、運搬に使用される容器を含みます。販売時に自己宣言をもって法律に適合していることを証明しなければなりません。

さらに、「食品と接触することを意図する素材および製品のGMP（Good Manufacturing Practice: 適正製造規範）に関する規則：Regulation（EC）No 2023/2006」では、製造業者は、適正な手順で正しく製造され、規則に適合

していることを証明・文書化したものを用意し、適合宣言書をもって安全性を宣言することが求められています（第3条、第5条、第16条）。「食品接触用」などの特定用途を示す言葉を表示する必要があります。

　安全性の宣言では、想定される通常使用条件下で実験し、その結果が規則に定められた基準を満たす必要があります。安全性の確認は文書化することが求められています。

　順法宣言書の作成に関しては、順法宣言書のフォームは特に定められておらず、主に以下の要素を記載することが求められます。

　①順法宣言を実施する事業者の名前、住所

　②輸入事業者の名前、住所

　③材料や成形品の詳細情報

　④該当する素材の関連要件を満たしていることの確認

　⑤使用物質に関する適切な情報

　⑥材料や成形品の仕様

　なお、REACH規則において、食器は成形品となり、ナノコーティングされていてもREACH規則はそのまま適用され、CLSを 0.1wt%以上含有する場合には、届出と情報伝達の義務があります。ナノ物質は、REACH規則では「物質」に定義され、他の物質と同じく一般的な義務が適用されます。

Chemical Column④ 成形品とは

　これまで、成形品は化学物質を管理する法規制は適用されていませんでした。しかし、REACH規則で初めて、成形品も適用されることになりました。

　我々が使用する"もの"は、全て「化学物質」から作られています。REACH規則では"もの"はその機能や状態により、第3条に下記のように定義されています。

　　1）化学物質：化学元素および自然の状態でのまたはあらゆる製造プロセスから得られる化学元素の化合物をいう。

　　2）混合物：2つまたはそれ以上の化学物質を混合した物をいう。

　　3）成形品：生産時に与えられる特定な形状、表面またはデザインがその化学組成よりも大きく機能を決定する"もの"をいう。

　上記のうち、1）および2）が、化学物質を規制するREACH規則の適用範囲であることは、分かりやすいものです。

　成形品の定義である3）は、少し分かりづらいものですが、成形品を"完成品"と考えると分かりやすいでしょう。完成品は、定義の通り"形状やデザインが化学組成よりも大きく機能を決定する"ものです。

　完成品の中には、本来の機能に関係のない付加価値を上げるために、放出する化学物質を意図的に添加しているケースがあります。例えば、におい付きの消しゴムです。放出される、においのもととなる化学物質が登録の対象となるものです。

　また、人の健康や環境に悪影響があると懸念されるとしてCLSに特定された化学物質を0.1%以上含有する場合は、CLSを含有している事実および完成品を取り扱うための情報を提供する義務およびCLSが年間1トンを超える場合には届出義務を課しています。

　成形品のREACH規則における規制は、一般製品安全指令（GPSD）の枠組みで規制されないCLSや類似の有害性のある化学物質を含有する成形品を補完して規制するものです。

　CLSを含有する成形品の届出情報は、ECHAでデータベースを作成し、廃棄物枠組み指令に基づいて管理されることになっています。

Chapter

第5章
「情報伝達」にまつわるQ&A
Q51〜62

情報伝達
安全データシート（SDS）
成形品中のCLS
混合物の届出

Q51

サプライチェーン間の情報伝達
REACH規則ではサプライチェーン間で様々な情報の伝達が求められていますが、具体的にはどのような情報を伝達する必要がありますか。

川上企業から川下企業への情報伝達

REACH規則では、化学物質の適切なリスク管理のため、以下に示す情報を、川下企業に伝達することが求められています。

1．SDSが必要な物質および混合物中の物質

SDSの提供を通じて情報を伝達します。

2．SDSが不要な物質および混合物中の物質

登録番号、認可・制限に関する情報、その他適切なリスク管理措置に必要な情報を伝達します。

3．成形品中のCLS

CLSが0.1wt%超の場合、川下企業または消費者へ、製品に含有する物質名と、安全に使用するための十分な情報を伝達します。なお、CLSが重量比0.1%以下の場合、情報伝達義務はありませんが、顧客対応として情報提供を検討することも必要です。

安全に使用するための十分な情報は、CLSの種類や情報伝達先の専門知識の有無、使用方法などにより伝達すべき内容が異なります。そのため、入手したSDSをもとに、ばく露やリスクを想定し、何を伝えれば確実に安全に使用されるのかを検討することが必要です。伝達情報の例を次の表に示します。

伝達情報の例

必須伝達項目	記 載 例
製品に含有する物質名	三酸化二ヒ素
安全な取扱い（廃棄）に関する情報	60℃以上の加熱を防ぐこと 子供の手が届かない所で保管すること 有害廃棄物として廃棄されるべきであり、通常の家庭用廃棄物を介して廃棄しないこと
その他伝達項目例（CAS番号、登録番号、分類およびCLS特性、成形品中の濃度）	

川下企業から川上企業への情報伝達

　川下企業は、物質の有害特性に関する新たな情報や、リスク管理が妥当性に欠けると思われる新たな情報を入手した場合にはECHAに情報を伝達する義務があります。これらの情報は、その物質のサプライチェーンにおけるリスク管理をより適切に実施するために有用な情報といえます。

川下企業による化学物質安全性報告書の作成

　川下企業は、以下の場合、附属書XIIIに基づいて化学物質安全性報告書を作成しECHAに情報伝達しなければなりません。

⑴ SDSで通知されたばく露シナリオに記述する条件または用途・ばく露区分に記述する条件以外のあらゆる用途について
⑵ 供給者が勧めない用途について

Q52

登録番号記載の必要性

EUへの輸出時、納品書などに登録番号の記載は必要でしょうか。

登録番号の構成

REACH規則では、「No Data, No Market」の原則に基づき、製造者・輸入者ごとに年間１トン以上の物質の登録（混合物の場合は構成物質それぞれの登録が必要です。ポリマーの登録は不要ですがポリマー中に結合した状態で２wt%以上含まれる構成モノマーや成分の登録は必要です）が求められています。

登録番号はREACH規則の登録に適合した証です。登録が完了した後に、登録企業はREACH-ITから登録番号が記載されたレポートをダウンロードできます。

また、ECHAのINFORMATON ON CHEMICALSでは、化学物質の名称、EC番号とCAS番号を入力することで化学物質特性データを検索できます。

登録番号は次のような構成になっています。

「AA-BBBBBBB-CC-DDDD」

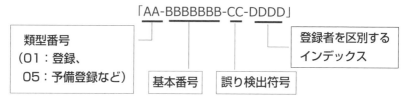

なお、混合物中の物質が一定の条件を満たす場合には、登録番号のうち登録者を特定する情報（DDDD）を非開示にすることができます（REACH規則附属書II、3.2.4項）。

登録番号の情報伝達

EU域外の輸出者である川上企業は、輸入者である川下企業に情報伝達を行うことが規定されており、登録番号が求められるケースは次表の３つに分類できます。

物質および混合物の場合は、SDS記載事項として登録番号が求められており（SDSの要件はREACH規則第31条、SDSの記載要件はREACH規則附属書IIに

よる)、SDSの伝達を通じて、川下企業に情報が伝達されます。また、SDSが不要な場合でも、サプライチェーンを通じて登録番号の入手が可能な場合には、登録番号を伝達することが求められています。

　成形品の場合は、CLSが0.1wt%を超える場合には、物質名と安全に使用するための十分な情報の提供が必要となります。

登録番号の伝達要件

対　　象	様　式	登録番号記載義務
物質および混合物中の物質 (SDSが必要な場合)	SDS	あり
物質および混合物中の物質 (SDSが不要な場合)	任意の様式	あり (入手可能な場合)
成形品	任意の様式	なし (入手可能な場合は推奨)

納品書への記載の必要性

　納品書は売主 (輸出者) の買主 (輸入者) に対する貨物の明細書であり、当局への説明文書ともいえます。納品書などへの登録番号の明記は、貴社製品のREACH規則への順守を対外関係者に示すこととなり、川下企業への情報伝達の徹底や、当局のREACH規則の順守確認の円滑化に貢献する対応といえます。

Q53

SDSの提供
REACH規則ではどのような場合にSDSの提供が求められるのでしょうか。

SDSの提供義務

SDSとは安全データシート（Safety Data Sheets）の略称です。

SDSの提供義務はREACH規則第31条に規定されています。物質または混合物が下記要件に該当する場合には数量に関係なく、SDSを川下企業に提供する必要があります。

(1) 物質または混合物がCLP規則（(EC) No 1272/2008）に従って危険と分類された場合
(2) REACH規則附属書XIIIのPBT、vPvBの基準に適合する物質またはそのような物質を含む混合物である場合
(3) (1)あるいは(2)以外の理由で認可候補物質リストに記載された（CLSとなった）場合

上記(1)に分類されない混合物であっても下記要件に該当する場合は、川下企業からの要求があればSDSを提供する必要があります。

(4) 人の健康または環境に有害な少なくとも１つの物質を、0.1wt%以上含んでいる場合（気体の場合は0.2wt%）
(5) 少なくとも１つのPBT、vPvBを0.1wt%以上含んでいる場合（気体の場合は除く）
(6) CLSを0.1wt%以上含んでいる場合
(7) EU域内の作業所のばく露限界値がある混合物

なお第32条では、第31条の規定にかかわらない場合でも、登録番号、認可に関する情報などの提供と更新が義務づけられていますので注意が必要です。

SDS提供の準備

1．購入した物質・混合物をそのまま販売する場合

　購入先である川上企業からSDSが提供されていれば、その内容をそのまま使用することができます。しかし、10トン以上の化学物質をEU域内に輸出する場合には、ばく露シナリオを加える必要があります。なお、混合物はCLP規則で危険物質に分類されずSDSが必要ない場合でも、川下企業から要求があった場合には、混合物のSDSを独自に作成し、提供する義務が生じる場合があります。

　また、次項のケースも通じて、購入した物質（混合物に含まれる物質も含む）の登録が川上事業者等でなされていない場合には、サプライチェーン内のいずれかの事業者による登録も必要となります。

2．購入した物質を加工して混合物として販売する場合

　生産した混合物がCLP規則で危険物質に分類されている場合、混合物のSDSを販売先である川下企業に対して提供する義務が生じます。なお、そうでない場合でも、前述と同じく川下企業から要求があった場合には混合物のSDSを独自に作成し提供する義務が発生する場合があります。

3．購入した物質・混合物を加工して成形品として販売する場合

　SDSの提供義務は物質・混合物が対象になっていますので、貴社が成形品を販売しているのであれば、SDS提供のための準備を行う必要はありません。しかし、REACH規則第33条の情報伝達義務に対応するために、川上企業からSDSを入手し、自社製品中のCLSの含有を確認する必要があります。

第5章

「情報伝達」にまつわるQ&A

Q54

ポリマーと情報伝達
当社は川上企業の「唯一の代理人」が登録済みのモノマーを用いてポリマーを製造し、輸出しています。当社はEUの輸入者に何を伝達すべきでしょうか。

REACH規則におけるポリマーの扱い

REACH規則では、ポリマーについては登録や評価に関する規定は適用されず、ポリマーに含まれる2wt%以上のモノマーが登録対象となります。貴社の川上企業が「唯一の代理人（OR）」を指名してモノマーの登録を行っている場合、EU域内の貴社の輸入者は、ORの川下企業となります。そのため、貴社は輸入者に対して、ポリマー中のモノマーが、ORにより登録済であることを伝達します。

一方、認可や制限、サプライチェーンを通じた情報伝達等の規定は一般的な化学物質と同様にポリマーにも適用されます。そのため、EU域内輸入者がこれらの規定に対応できるように、貴社は必要な情報を提供しなければなりません。

SDSによる情報伝達

ポリマーはREACH規則の登録対象外ではありますが、CLP規則は適用されます。そのため、ポリマーについて危険有害性の分類を行わなければなりません。また、アリルアミン塩酸塩の重合体のように、CLP規則附属書Ⅵの「危険有害性物質の調和された分類と表示のリスト」に掲載されている場合は、原則その危険有害性分類を採用しなければなりません。また、分類を行う際には、未反応モノマーや添加剤、不純物といったポリマーを構成する全ての成分を考慮する必要があります。

分類等の結果、ポリマーが次の条件に該当する場合には、EU域内輸入者はポリマーのSDSの提供が義務づけられるため、貴社はSDSを作成するために必要な情報をEU域内輸入者に提供する必要があります。

⑴ CLP規則の危険有害性の分類基準に該当する場合
⑵ REACH規則附属書ⅩⅢに定めるPBTおよびvPvBである場合

⑶ ⑴、⑵以外の理由で、CLSに特定された場合

SDS以外の情報伝達

　ポリマーが上記条件に該当せず、SDSの提供が不要な場合であっても、REACH規則第31条３項によって、EU域内輸入者には、次の情報を紙面または電子的に無償で伝達する義務が定められています。

⑴ 登録番号
⑵ 認可対象物質の場合は、認可の要件もしくは認可事項、認可拒否の情報
⑶ 制限対象物質の場合は、制限条件の情報
⑷ リスク管理措置に必要な利用可能な情報

　そのため、貴社は、未反応モノマーや添加剤、不純物といったポリマーを構成するすべての成分を踏まえて、上記の情報をEU域内輸入者に伝達しなければなりません。

ポリマーで製造された成形品の場合

　ポリマーを射出成型した製品などの成形品の場合には、上述のSDS等による情報伝達の義務はありませんが、EU域内輸入者には、成形品中のCLS含有情報の伝達が求められます。そのため、EU域内輸入者が成形品を構成するポリマーはもとより、顔料や潤滑剤、帯電防止剤等の添加物に対するCLS含有情報の伝達ができるよう、必要な情報を提供することが求められます。

Q55

CLS含有情報の回答様式
CLS含有情報のフォーマットはあるのでしょうか。

業種を横断したフォーマットを目指す「chemSHERPA」

アーティクルマネジメント推進協議会（JAMP）がデータ作成支援ツールとして「chemSHERPA」を運営しています。chemSHERPAはそれまでのグリーン調達調査共通化協議会（JGPSSI）による調査用データシートを作成するフォーマットやJAMPによる物質や混合物を伝達する「MSDS Plus」、成形品の化学物質情報を伝達する「AIS」などを統合して効率化を図るべく開発された情報伝達スキームです。

chemSHERPAは国際的なサプライチェーン全体で情報共有することを念頭に、国際規格であるIEC62474のXMLスキーマを採用して化学物質情報を取り入れるフォーマットが作成されており、CLSを含む各種製品含有化学物質規制へ対応しています。

「chemSHERPA-CI」および「chemSHERPA-AI」は記述内容を最小限に抑え、産業界共通の様式とすることで、サプライチェーン全体の業務負荷を削減することを目的として開発されています。

chemSHERPA-CIのデータフォーマットは次の項目などです。
　ビジネス情報：組織名、担当者名等
　成分情報：管理対象物質
chemSHERPA-AIのデータフォーマットは次の項目などです。
　ビジネス情報：組織名、担当者名等
　成分情報：部品、材質、物質の階層構造の管理対象物質
　順法判断情報：エリア指定時

なお、エリアは、管理対象基準とした法規制および／または業界情報の中から選択されます。

「chemSHERPA管理対象物質リスト」はREACH規則やRoHSⅡ指令など

国内外の主な法規制に対応しており、法令順守に貢献する仕様としています。「chemSHERPA管理対象物質リスト」は関係法規の包含リストで定期的（年2回）に更新するとされており、法改正の度に必要となる含有物質調査などの負担を軽減することができます。

　その他に、サプライチェーンに参加する事業者に必要な管理の仕組みである「製品含有化学物質管理ガイドライン」を提供し、管理の共通化することで企業負担の最小化を図っています。

　chemSHERPAは2015年10月に公開されており、JAMPのウェブサイトから無償で入手することができます。

自動車業界のフォーマット

1．JAMA/JAPIA統一データシート

　自動車関連の業界各社は、環境規制への対応のため、製品中に含有する材料・化合物の調査に使用する目的でJAMA/JAPIA統一データシートを作成・使用しています。このフォーマットに構成材料・化学物質情報などの情報を記載してデータシートを作成し、企業間の化学物質の情報伝達に使用します。

2．IMDS（International Material Data System）

　IMDSは欧米の自動車メーカーが中心となって開発したもので、インターネット上で使用禁止物質や要申告物質などの情報について登録・確認ができるデータベースです。

　IMDSには各自動車メーカーが個別に定めていた使用禁止物質や要申告物質を統合したGADSL（Global Automotive Declarable Substance List）が組み込まれており、IMDS上で各物質の含有の有無について確認することが可能です。企業情報など必要情報を登録することで、無償で利用することができ、自動車業界のフォーマットとして使用されています。

Q56

日本企業とCLS情報伝達

REACH規則で規定されている「CLSの情報伝達の義務」とは、EU域外の製造者にとっても義務なのでしょうか。

物質・混合物メーカーの情報伝達義務

1. 安全データシート（SDS）による情報伝達義務

　EU域内の輸入者やEU域外の製造者などが物質や混合物を川下企業に提供する次の場合は、SDSにより情報伝達を行う義務があります。

- ・物質または混合物がCLP規則に従って危険と分類された場合
- ・REACH規則附属書XIIIのPBT、vPvBの基準に適合する場合
- ・上記以外の理由でCLSとなった場合

　さらに混合物は、CLP規則の危険性の分類基準に該当しない場合でも、次のいずれかに該当する場合はSDSを提供する義務があります。

- ・一定の濃度を超えて人の健康に有害な物質を１つ以上含む場合
- ・0.1wt%超の非ガス状の混合物で、附属書XIIIに示す難分解性、生物蓄積性、毒性物質および極めて難分解性で高い生物蓄積性を有する物質、またはCLSを含む場合
- ・EU域内の作業場のばく露限界値がある物質を含む場合

　また、年間10トンを超えて上市する物質または混合物に含まれる物質は、化学物質安全性評価（CSA）を実施し、化学物質安全性報告書（CSR）を作成することが必要です。

　評価の結果次の(1)(2)に該当する場合には、ばく露シナリオをSDSの附属書として添付して情報伝達する必要があります。

(1) 混合物に含まれる物質の濃度限界値がREACH規則第14条２項で規定している濃度を超える場合

　濃度限界値は、CLP規則の附属書Ⅰ表1.1で定める次表の「一般的なカットオフ値」となります。また、水環境に調和した分類を持つ物質には「Mファクター」（multiplication factors）を設定する場合があります（CLP規則の附属書Ⅵ表3.1）。

Hazard class（危険性分類）	Generic cut-off values to be taken into account （考慮される一般的なカットオフ値）
Acute Toxicity（急性毒性）：	
－ Category 1-3	0.1 %
－ Category 4	1 %
Skin corroision/Irritation（皮膚の腐食/刺激）	1 %[1]
Serious damage to eyes/eye irritation （眼への深刻な損傷／眼への刺激）	1 %[2]
Hazaarous to Aquatic Environment（水環境への危険性）	
－ Acute Category 1	0.1 %[3]
－ Chronic Category 1	0.1 %[3]
－ Chronic Category 2-4	1 %

[1]　Or< 1 %　where relevant,see 3.2.3.3.1.
[2]　Or< 1 %　where relevant,see 3.3.3.3.1.
[3]　Or< 0.1%　where relevant,see 4.1.3.1.

⑵ CSAの危険有害性評価において、CLP規則に基づく危険有害性の分類基準
に適合している、あるいはPBT物質またはvPvB物質である、との結論が
出た場合

2．SDSが必要でない物質・混合物の情報伝達義務

　SDSが不要な場合であっても、輸入者などはEU域内の川下企業に対して、物質・混合物が最初に出荷される時までに、登録番号や許可・制限に関する情報などを書面にて伝達する義務があります。輸入者が的確に対応できるようにするための情報を伝達しなければなりません。なお、物質が登録済みの場合は、登録者から登録番号が伝達されます。川下企業はその登録番号を利用して、ECHAの公開する物質のデータベースにアクセスすることができます。

成形品メーカーの情報伝達義務

　成形品中のCLSが0.1wt％超の場合、EU域内の輸入者や「唯一の代理人」は、川下企業に対して、成形品が安全に使用されるために必要なSDSなどの情報を入手して伝達しなければなりません。輸出先などからの要請に迅速かつ的確に対応できるような情報提供が必要となりますので、成形品の構成部品ごとに含有する物質を特定し、含有量などの情報を構成部品の仕入先から取得しておくことが肝要です。

Q57

古い部品中のCLS
REACH規則の発効以前に出荷した製品の修理用部品を、現在もEUに輸出しています。こうした古い部品に関しても、CLSの情報伝達の義務が課せられるのでしょうか。

修理用部品の扱い

RoHSⅡ指令（2011/65/EU）やELV指令（2000/53/EC）では、電気電子機器や車両の修理用部品の除外規定がありますが、REACH規則では、貴社が輸出している修理用部品は成形品とみなされ、規制の対象となります。現在も修理用部品の輸出が継続されており、かつその部品、つまり成形品がCLSを0.1wt%を超えて含有している場合、成形品中のCLSに関して、サプライチェーンの川下企業への情報伝達義務が発生します。

したがって、まずは修理用部品がCLSを含んでいるか調査する必要があります。CLSを含有している場合、製品の出荷時期がREACH規則の発効前かどうかには関係なく、修理用部品に含まれるCLSの情報伝達義務が適用されることになります。

川下企業への情報伝達義務

0.1wt%を超えるCLSを含有する成形品を輸出する場合は、川下企業に対して、貴社が出荷する修理用部品が安全に使用できるように安全取扱情報を伝える義務があります。

また、交換後の廃棄部品を処理する際に配慮すべき情報を伝達する必要があります。

物質や混合物に関しては川上企業からSDSの入手が可能ですが、部品や材料に関してはSDSに代わる情報（含有物質名やCLSの含有量など）の提供を川上企業からchemSHERPAなどのデータ作成支援ツールで求める方法などで情報収集する必要があります。

なお、成形品中にCLSを含有しない、もしくはCLSが0.1wt%を超えない場合は、REACH規則の規定では情報伝達義務は生じません。しかし、WEEE（Ⅱ）

指令（2012/19/EU　電気および電子機器廃棄物に関する指令）では、この製品のライフサイクルを円滑に運用するために必要な、消費者への情報提供（第14条）と処理施設への情報提供（第15条）が義務づけられています。

　また、一般製品安全指令（GPSD）では、EUの他の法令が適用とならない消費者用製品を対象として、生産者が消費者に対して安全な製品のみ上市させる義務を課しています。生産者、輸入者や流通業者に対して危険な製品の流通の禁止、引上げ、消費者への警告、販売済製品の回収を命じることが要求されています。したがって、CLS含有の有無にかかわらず、川下企業や消費者から情報提供を求められた場合には、根拠となる情報を的確に伝達しなければなりません。

CLSの濃度計算

　REACH規則における成形品の定義は第3条3項で規定されています。その定義で単一の成形品と判断された場合には、その重量を分母としてそれに含まれるCLSの濃度を算出しますが、複数の成形品から構成される複合成形品では、その複合成形品全体の重量を分母にするのではなく、複合成形品を構成する個々の成形品ごとに、CLSの含有量を算出することになっています。RoHS II 指令やELV指令のように均質物質を分母として計算するのとは異なりますので注意が必要です。

　ご質問の部品が単一の成形品であればその部品自体の重量が濃度計算の分母になることになりますし、2つ以上の成形品で構成される部品であれば、個々の成形品ごとに濃度計算を行い判断することになります。

成形品中のCLSに関するその他の義務

　CLSが成形品中に、年間に1製造者または輸入者あたり1トンを超える量で存在する場合はECHAへの届出が必要となります。ただし、そのCLSが同じ用途ですでに登録されている場合には、届出は必要ありません。

容器中のCLS
当社がEUに輸出する化粧品の容器にCLSが0.1wt％を超えて含まれている場合、情報伝達の義務は発生するのでしょうか。

化粧品に対するEUの規制

　化粧品規則（(EC) No 1223/2009）に適合している化粧品であれば、化粧品に関する情報伝達義務は発生しません。しかし、化粧品容器自体は化粧品と一体化しているものとして適用除外されるわけではありません。REACH規則では化粧品容器は成形品とみなされ、以下のように扱われます。

化粧品容器の扱い

　成形品ガイドの中のデシジョンツリーによれば、化粧品容器は「その機能は化学的組成よりも形状に依存する」「分離できる物質・混合物を含有している」「物質・混合物は対象物から分離しても独立して機能する」「対象物は主に物質・混合物の放出・移動のための容器として機能する」ことから、成形品であると判断できます。

　したがって、化粧品容器は成形品としてREACH規則の規制を受け、成形品としての情報伝達義務が発生します。

CLSを含有する成形品の情報伝達義務

　REACH規則第33条ではCLSを含有する成形品（このケースでは化粧品の容器）の供給者の情報伝達義務を次のように定めています。

(1) 川下企業への情報提供

　成形品中に0.1wt％を超えるCLSを含有する場合は、川下企業に対して物質名を含め、安全に使用ができることが確認可能な十分な情報を提供しなければなりません。

(2) 消費者からの要求による情報提供

　消費者から成形品中のCLSの情報提供を求められた場合は、要求を受けて

から45日以内に（1）と同様の情報を無償で提供することが義務づけられています。

貴社に求められる対応

　以上により、貴社が輸出している化粧品の容器は成形品とみなされ、CLSが0.1wt%を超えて含有されているのでREACH規則第33条に該当する、という結論になります。したがって、化粧品容器に含まれる物質に関して、貴社製品のEU域内の輸入者にはサプライチェーンにおける情報伝達義務が発生することになります。貴社の輸出ビジネスに支障をきたさないように、情報提供を含めて輸入者に対する十分な支援が必要となります。

　ただし、情報提供のために貴社自身が物質の分析を行うのは現実的ではありませんので、貴社の川上企業（化粧品容器の供給元）からSDSに代わるような物質の含有情報を求めることになります。その際、成形品としての化粧品容器の構成部品ごと（たとえば、容器本体やキャップなど）にどのような物質がどれだけ含有されているかが把握できるような情報提供を求めてください。

　さらに、化粧品容器に含まれるCLSが0.1wt%超かつ年間で1トン超の場合は、貴社製品のEU域内の輸入者には届出義務も発生しますので、その点にも留意してください。

Q59

純度が100％でない物質の特定方法

物質の純度が100％でない場合の物質の特定はどうすればよいでしょうか。

REACH規則における物質

REACH規則では、物質は次の2つのグループに大別されています。

(1) 明確に定義された物質

物質名・識別名、分子式・構造式の情報、各物質の構成など附属書VIIに記載された条件で特定できる物質。

(2) UVCB物質

未知または可変的な組成、複雑な反応生成物、生物学的物質など、(1)のパラメータでは十分に特定できない物質。

当項では、(1)の明確に定義された物質について解説を行います。

物質は「主成分：物質の重要な部分を構成する成分」、「不純物：物質に存在する意図しない成分」、「添加物：物質を安定させるために意図的に加えられた成分」からなり、「明確に定義された物質」は主成分の濃度により「単一成分物質」と「多成分物質」に区別され、それぞれ以下の通りに特定、標記します。

単一成分物質

1つの主成分の濃度が80％以上となる物質は、単一成分物質としてその主成分名（物質名）をIUPAC命名ルールで英語表記します。

ECHAの「REACH規則とCLP規則における物質の特定と命名に関するガイダンス」では、キシレンの例を挙げています。

単成分物質の例

主成分	濃度（％）	不純物	濃度（％）	表示名
m-キシレン	91	o-キシレン	5	m-キシレン
o-キシレン	87	m-キシレン	10	o-キシレン

また、一般的には1％以上の不純物についても、化学名、分子式などで特定し、表示・登録する必要があり、PBT物質やCLSが含まれる場合、作業場のばく露限界値がある場合などにはSDSの提供が必要となります（REACH規則第31条）。

多成分物質

　10%以上80%未満の濃度で存在する複数の主成分からなる物質を多成分物質とよび、その主成分の反応生成物としてIUPAC命名ルールで英語表記します。

　こちらも、ECHAのガイダンスでは、キシレンの例を挙げています。

多成分物質の例

主成分	濃度(%)	不純物	濃度(%)	表示名
m-キシレン	50	p-キシレン	5	m-キシレンとo-キシレン
o-キシレン	45			からなる反応生成物

　また、10%以上の主成分と10%未満の成分の合計は100%となることが求められますが、営業秘密として管理していることが立証できる場合には総称名での表示が認められます。

物質判定のデシジョンツリー

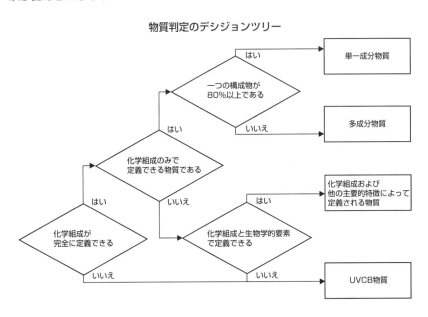

違反時の損害賠償

サプライヤーからCLS非含有保証書を受領していましたが、成形品にCLS物質が含有していたために市場で多大なる損害が発生した場合、賠償請求ができるでしょうか。

成形品中のCLSに対する義務対象者

　成形品中のCLSに対しては、所定の条件を満たす場合には、次の2つの義務が課されることになります。

・EU域内の成形品の製造者および輸入者に対するECHAへの届出

・EU域内の製造者、輸入者、流通者等の成形品の供給者に対する川下ユーザーへの情報提供および消費者からの要求があった場合の情報提供

　仮にこれらの義務に違反した場合は、義務対象者であるEU域内の企業が罰則の対象となり、EU域外の日本企業が直接法的な罰則を科されることはありません。

賠償請求の可否

　違反原因がサプライヤーにあった場合には、貴社からサプライヤーに賠償請求することも想定されます。賠償請求の可否は、REACH規則等への対応に限らず、品質上の瑕疵等と同様に、契約内容や下請代金支払遅延等防止法等の関連法規制に従った通常の商取引によって対応することになります。

サプライヤー提供資料の信頼性の確保

　CLSに限らず、製品含有化学物質管理においてはサプライチェーンにおける情報伝達とともに、情報の信頼性を高める取組みの両面での対応が不可欠です。情報の信頼性を高めるためには、サプライヤーに製品含有化学物質を適切に管理する仕組みを求めることが必要であり、「JIS Z7201:2017 製品含有化学物質管理—原則及び指針—」で、「製品含有化学物質管理基準の明確化」や「製品含有化学物質情報の入手・確認」等、具体的な実施項目が示されています。

Q61

複数国に輸出する際のラベル貼付
複数国に化学品を輸出している場合、１つの化学品に各国のラベル要件に応じて言語や表示内容が異なる複数のラベルを貼付けしてもよいのでしょうか。

GHS（化学品の分類および表示に関する世界調和システム）

化学品ラベルに関する事項は国連によるGHSに定めがあり、他に特に定めがない限り、輸出先の公用語で表示します。

公用語への翻訳はGHSに記載があり、翻訳する際にわかりやすさを保ち、同じ意味を伝達するとの記載があります。ただし、GHSでは言語や表示内容が異なる複数ラベルに関しては、特に記載がなく、輸出国の状況を確認する必要があります。EUではCLP規則内に複数言語のラベルに関する定めがあります。

CLP規則

CLP規則ではすべての言語で同じ内容が表示される場合、複数の言語をラベルに使用できると定めています。例えば、スイスはドイツ語、フランス語、イタリア語のうち最低限２つをラベルに記載するよう指定しています。また、ECHAの「CLP規則に基づくラベルおよび容器に関するガイダンス」には複数の言語を使用した場合のラベル表示例について記載があります。

EU以外を含めた複数言語ラベルの貼付けを考えた場合、GHSの版やGHSが認める選択可能方式（Building Block Approach）の適用など選択した基準によって特定の物質や混合物などに対して分類の差異が発生する可能性があります。この場合、単純に各国の規制に対応したラベルを貼り付けると表示内容（絵表示等）が異なるなど、使用者の混乱を招くおそれがある点に留意する必要があります。

中毒センターへ届け出る情報
EUに消費者用途の混合物を輸出していますが、中毒センターへ届出する情報を教えてください。

中毒センターの概要

　EUでは化学物質による人の健康と環境の保護のために、REACH規則、CLP規則でも必要な改訂が行われています。CLP規則第45条では、加盟国は、混合物を上市する輸入者と川下ユーザーから、予防と治癒的な措置、特に緊急の健康対応における措置を策定するために、関連する情報を受領する機関（中毒センター*¹；Poison Control Centers）を任命することが求められています。混合物の輸入者と川下ユーザーは、任命された機関に上市する混合物の成分情報、健康または物理的な危険有害性の情報等を提出することが必要となります。

　届出が必要とされる情報は2019年３月５日に公開されたCLP規則の附属書Ⅷで規定されており、詳細はその中のパートB（提出に含まれる情報）で下記の通り規定されています。

混合物および情報提出者の特定の情報

⑴ 混合物の製品名、商品名等の製品識別子およびUFI（Unique Formula Identifier）は英数字から構成されるコードで、混合物のラベルや包装に記載することが必要になります。化学物質についてはEC番号やCAS番号等が付与されていますが、UFIはEUで使用する混合物の固有コードといえます。ECHAから提供されるシステムを使用して作成します。

⑵ 提出者の名称、完全な住所、電話番号、電子メールアドレス。

⑶ CLP規則の附属書ⅧパートAのセクション2.4において制定されている限定提出の場合、指名された機関が緊急時に、詳細な追加の製品情報を素早く入手できる、１日24時間、週に７日利用可能な電話番号。

ハザードの特定および追加情報

⑴ 混合物の分類

(2) ラベル要素

CLP規則のハザード絵表示のコード、注意喚起語、危険有害性情報コード、予防情報コード

(3) 毒性学的情報

(4) 追加情報

混合物の組成に関する情報

(1) 一般要求事項

(2) 混合物の組成

(3) 提出の要求に従う混合物成分（物質及びMIM*2）

(4) 混合物の成分の濃度と濃度範囲

ECHAは、2019年4月に危険有害性のある混合物の情報を記載する文書の作成と提出を支援するシステムをECHAウェブサイト上に公開しました。混合物の危険有害性の情報の届出は、従来は各国ごとに手続きする必要があり手続きが煩雑でした。今後はこのシステムでECHAに届出することで、混合物を販売する複数の加盟国に情報を通知することが可能となり、加盟各国の中毒センター等に共有されることになり利便性が向上し、費用も節減できることになります。

2018年にEU統一の届出文書のフォーマット（PCNフォーマット）が公開され、消費者利用の化学品および専門業務利用については2021年1月1日から、工業利用については2024年1月1日からこのPCNフォーマットを使用した届出が義務づけられることになります。

---

*1「毒物センター」という場合もある。

*2 MIM : mixture in mixture

Chemical Column⑤ EUの情報伝達のルール

　化学物質や混合物等の化学品の危険有害性の情報伝達は、GHSのルールに従って行われます。GHSでは、ルールの一貫性が守られるならば、その一部だけを採用できる「Building Block Approach」が、また、GHSのルールを侵害しない限り、新たな事項を追加することが許容されています。EUで採用している下記のルールには留意が必要です。

１）危険有害性（危険性、健康有害性、環境有害性）の分類について
　国連GHS文書に追加されている、危険性分類の鈍化性爆発物は、CLP規則には、まだ採用されていません。

　EUで必ず採用しなければならない「調和された分類」の化学物質が、CLP規則附属書Ⅵに収載されています。「調和された分類」の物質は、今後も追加されます。また、「調和された分類」がされていない物質はCLP規則の分類基準に従って、自ら分類を行う必要があります。

２）安全データシート（SDS）の内容について
　SDSには、登録物質については、登録番号を記載することが必要です。混合物のSDSには危険有害性に寄与する物質の名称と登録番号の記載が求められています。開示が必要な物質の購入先を企業秘密にしたい場合は、番号の一部を開示せずに当局からの問い合わせに回答できる準備をしておくことが必要です。

３）ラベルに記載すべき項目について
　EUに要求されるラベルの記載項目には、GHSのルールで定められている項目以外に下記を記載することが求められています。
　　・一般公衆向けの包装に記載がない場合、その容量
　　　ただし、日本国内では、多くの製品についてその容量は記載されてはいます。
　　・CLP規則で定めた補足情報
　　　CLP規則によりHコード、Pコードに採用されなかった、指令67/548/EECおよび指令1999/45/ECで定められていた、RフレーズやSフレーズを、該当する場合には、記載することが定められています。

Chapter

6

第6章
「CSAとCSR」にまつわるQ&A
Q63〜65

化学物質安全性評価（CSA）
化学物質安全性報告書（CSR）
リスク評価

Q63

CSAとは

当社の製造物質について、川下企業より特定の用途に関する情報が提供された場合、当該物質のリスク評価をどのように行えばよいのでしょうか。

化学物質安全性評価（CSA）

　REACH規則では、一部の登録者や川下ユーザー等に対して、化学物質安全性評価（CSA）を実施することを義務づけています。CSAは、図に示す通り、化学物質の有害性評価およびばく露評価を実施し、その結果を比較することで、リスク評価を行い、リスクが適切に管理されているかについて判定する一連のリスク評価手続きです。川下企業から特定された用途に関する情報が提供され、その用途が実施済みのばく露評価の範囲外であれば、川上企業は、REACH規則第37条3項に基づき、提供された特定の用途を考慮して改めてばく露評価以降の手続きを実施しなければなりません。CSAの結果は、化学物質安全性報告書（CSR）やばく露シナリオとして取りまとめられます。

　このうち、ばく露シナリオは、通常のSDSとともに、川下企業に提供することが求められます。ばく露シナリオとは、化学物質のライフサイクル全体を対象に、用途ごとに、労働者や消費者のばく露や環境への放出を適切に管理するための条件や方法を示したものであり、次の4つの項目で構成されています。

　・タイトル：特定された用途に関する情報
　・ばく露に影響を及ぼす使用条件：特定された用途ごとのばく露や放出を適切に管理するために推奨される使用条件やリスク管理措置
　・ばく露の推定と参考情報源：特定された用途ごとのばく露推定値
　・川下使用者の用途がばく露シナリオの範囲内であるかを確認する方法：ばく露シナリオと異なる実際の使用条件において、適切なリスク管理を確保しているかを確認ためのツールやパラメーター等に関する情報

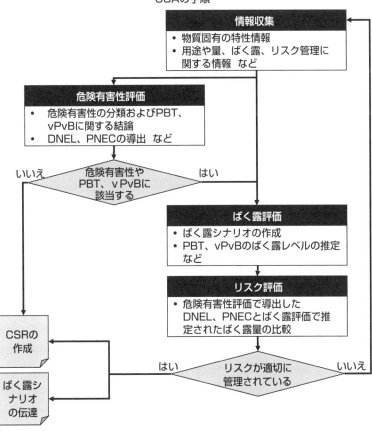

CSAの手順

情報収集
- 物質固有の特性情報
- 用途や量、ばく露、リスク管理に関する情報 など

危険有害性評価
- 危険有害性の分類およびPBT、vPvBに関する結論
- DNEL、PNECの導出 など

危険有害性や PBT、v PvBに該当する
いいえ / はい

ばく露評価
- ばく露シナリオの作成
- PBT、vPvBのばく露レベルの推定 など

リスク評価
- 危険有害性評価で導出したDNEL、PNECとばく露評価で推定されたばく露量の比較

リスクが適切に管理されている
はい / いいえ

CSRの作成

ばく露シナリオの伝達

CSAの実施要件

　CSAは、年間10トン以上の物質の登録を行う登録者や、認可の申請者等に実施が義務づけられています。一方、川下企業は川上企業から提供されたばく露シナリオに自社の用途が入っていない場合には、前述のように川上企業に新たに特定された用途の情報を提供し、ばく露シナリオに含めてもらうよう要請することが必要になります。ただし、川上企業が新たに特定された用途を推奨しない用途と判断した場合や、川下企業が特定された用途に関する情報を川上企業に提供しない場合等においては、川下企業自身がCSAを実施し、CSRやばく露シナリオを作成しなければなりません。

Q64

CSRとは
化学物質安全性報告書とはどのような文書でしょうか。

化学物質安全性報告書（CSR）

　REACH規則では物質の登録において、技術一式文書の提出に加え、年間製造・輸入量が10トン以上の物質には化学物質安全性評価（CSA）を行い、その結果を化学物質安全性報告書（CSR）としてECHAへ提出することが義務づけられています。また、認可申請の際、登録時にCSRが提出されていない場合は、取扱量にかかわらずCSRの提出が必要になります。

　CSAでは、以下の項目で物質の危険有害性の評価を行います。

⑴ 人の健康に対しての健康有害性評価

⑵ 物理化学的な性状による有害性評価

⑶ 環境に対する有害性評価

⑷ 難分解性、生物蓄積性、PBT、vPvBに関する評価

　また、物質の用途などの情報を広く収集し、初期ばく露シナリオ（ES）を作成します。

　危険有害性評価の結果、CLP規則に定められている危険有害性の分類基準に該当する場合やPBT物質またはvPvB物質であるなど、「危険有害性の物質」と判定された場合には、初期ESで特定された用途別にばく露評価とリスク評価を実施し、リスクが適切に管理される製造方法や使用条件（リスク管理措置）を明確にする必要があります。また、リスク管理措置は最終ESに記載されます。CSAの結果得られた情報は、次項で説明するCSRに記載します。

CSRの構成

CSRは附属書Ⅰにより以下のような項目で構成されています。

CSRのフォーマット

パートA	パートB
(1) リスク管理措置の概要	(1) 物質の特定および物理化学的特性
(2) リスク管理措置をしているという宣言	(2) 製造および用途
(3) リスク管理措置を通知しているという宣言	(3) 分類および表示
	(4) 環境中の運命に関する性質（分解性、環境分布、生物蓄積性、二次毒性）
	(5) ヒト健康危険有害性評価
	(6) 物理化学的性状によるヒト健康危険有害性評価
	(7) 環境危険有害性評価
	(8) PBT物質とvPvB物質評価
	(9) ばく露評価
	(10) リスク判定

　パートBの(5)〜(10)の項目がCSAの結果から導き出される情報です。なお、(9)、(10)は前項で説明した「危険有害性の物質」の場合にのみ必要となる項目です。

　川下企業が、川上企業より提供されたESに自社の用途や取扱方法などが含まれていない場合は、自社の特定された用途を川上企業に情報提供してリスク評価を要求するか、川下企業自身が独自にリスク評価を行い、CSRを作成する必要があります。ただし、川下企業は、年間１トン未満の総量でその物質または混合物を使用している場合など、REACH規則第37条４項にある(a)〜(f)の条件に該当するのであれば、CSRを作成する義務はありません。

Q65

リスク評価と情報伝達
当社は成形品のみを供給していますので、SDSの提供および川下での使用に関するリスク評価の義務はないと考えてよろしいでしょうか。

情報伝達の義務

　REACH規則では、成形品の製造者や輸入者に対しても、様々な対応を要求しています。その中で主要な義務は、対象となる成形品の使用から生じるリスクを評価し、そのリスクを管理することと、成形品に含まれる危険な物質に関する情報や、安全に使用するための情報を伝達することです。

　SDSの提供に関しては、REACH規則第31条で、「物質および混合物の供給者の提供義務である」と規定していますが、成形品の供給者である貴社に製品に含有する化学物質に関する情報提供義務がないわけではありません。

　成形品の供給者の情報伝達義務については、REACH規則第33条（成形品に含まれる物質に関する情報伝達の義務）で、製品にCLSが0.1wt%を超える濃度で存在する場合に、成形品の安全な使用に関する情報（少なくとも物質名を含む）を、貴社の提供する成形品の使用者である川下企業へ提供する必要があると規定しています。

　さらに、上記の情報に加えて製品を安全に使用するための十分な情報を、成形品の受領者に対しては販売時に、消費者に対しては要求を受けた日から45日以内に、無償で提供しなければならないとされています。

リスク評価の義務とその考え方

　上述の情報提供義務に加え、REACH規則前文56項では、「成形品の生産者または輸入者に対して、物質の使用から生じるリスク管理に関する責任を、あらゆる関係者が果たすことができるよう、サプライチェーン全体にこの重要な責任も適用されるべきである」としています。

　また、REACH規則前文86項では、「物質そのもの、混合物または成形品に含まれる物質の製造・上市または使用からの人の健康および環境に対する高いレベルの保護を確保するために必要とされる適切なリスク管理措置を特定すること

は、製造者、輸入者および川下使用者の責任であるべきである。しかし、それが不十分と考えられる場合や、欧州共同体の法規が正当化される場合には、適切な制限が定められるべきである」との記述があります。

　以上の規定の内容をまとめますと、REACH規則におけるリスク管理は製品の用途を把握している生産者または輸入者が、川下の使用者からの「用途」などの情報などを踏まえて行うことが必要となります。したがって成形品を供給する立場である貴社は、その成形品の使用から生じると予想されるリスクを評価し、そのリスクを管理するための措置を特定し、それらの情報を川下企業などに伝達する、という一連の対応を行うことが求められています。

　なお、「玩具」などの特定の用途については、玩具指令のような特定の法規制によりリスク管理が実施されていますので、その場合にはそれらの法規制の規定に従って対応する必要があります。

リスク評価の要点

　前項の通り、成形品のリスク管理は製造者および輸入者などの積極的な対応が必要不可欠となります。近年はリスク管理が従来にも増して複雑になり、サプライチェーンの川上、川中にある企業にとっては、川下企業がどのような使い方をするのかを把握するマーケティング活動を強化することが求められています。

　以上より、リスク評価（アセスメント）にあたっては上流のサプライヤーからの情報だけに頼るだけでなく、多面的な視点で自社製品に関する用途を調べることが重要なポイントになります。

Chemical Column⑥ CSAとCSR

　REACH規則を含めて化学物質規制は、「ハザード」から「リスク」管理へと変わりました。

　REACH規則では、リスク評価（CSA：Chemical Safety Assessment）を行い、その結果を報告書（CSR：Chemical Safety Report）としてまとめ、CSRと一致したSDSの作成を要求しています。

　CSAは10トン/年以上で登録する場合に要求がされ（第14条）、CSRは登録のための技術一式文書に添えて当局に提出します（第10条）。また、認可申請をする場合に、登録時にCSRが提出されていなければ、CSRが要求されます（第62条）。

　リスクは「使用」により決まります。「使用」はREACH規則第3条に定められており、用語の定義は、「加工」「配合」「消費」など幅広くあります。「使用」をばく露シナリオ（Exposure Scenario：ES）にまとめてCSAを行います。ESのショートタイトルは、ESの要約ともなる記述子でまとめます。記述子は次の5項目です。

　⑴ SU（Sector of Use）　SU1〜24とSU 0（その他）

　⑵ PC（Chemical　Product Category）PC1〜42とPC 0（その他）

　⑶ PROC（Process Categories ）PROC1〜28とPROC 0（その他）

　⑷ ERC（Environmental Release Categories）ERC1〜12

　⑸ AC（Article Categories）AC1〜13とAC0（その他）

　CSAはESごとに行われ、ばく露評価をハザード評価で導出した導出無毒性量（DNEL）、予測無影響濃度（PNEC）により行い、推奨されないESなどを明確にします。

　EUのSDSは第16項に、CSRのESのショートタイトルを列記し、推奨されない使用などの要約を記述します。EUのSDSはGHSのSDSと比較して拡張していますので、e-SDS（extended Safety Data Sheets）とよばれます。e-SDSはハザードだけでなくリスクを伝達します。

　CSA、CSR、e-SDSなどがリスクベース管理の基本となっています。

Chapter

7

第7章
「評価」にまつわるQ&A
Q66~68

物質の評価
CoRAP

Q66

当局による物質の評価
物質の「評価」の基準・方法について教えてください。

評価対象物質の決定と評価分担

REACH規則の登録は、物質の製造者もしくは輸入者単位で行います。取引先単位では少量でも合計すると大量になる場合があり、特定された用途が想定以上に広範である場合などでは、総合的な見地での物質の評価が必要となります。

そのため、REACH規則第44条では、ECHAは加盟国と協力して、登録された情報のうち①危険有害性情報（難分解性で生物蓄積性のおそれ）、②ばく露情報、③複数の登録者から提出された登録の総トン数に基づき、向こう３年間に評価を行う物質の優先順位の基準を策定するローリング・アクション・プラン（CoRAP）を策定することを規定しており、2011年に最初の草案が加盟国に提案されています。

CoRAPで各年度に提案された向こう３年分の評価候補物質の推移は次の通りです。2019年10月末の段階で、この中から合計375物質が評価されています。

年度別物質数

年	2012	2013	2014	2015	2016	2017	2018	2019
物質数	90	116	120	134	138	115	108	100

今後は、以降毎年２月28日までに、同プランの年次改定案を加盟国に提出し、最終的なプランをECHAのウェブサイトで公表します。

上記に関連して、REACH規則第45条で加盟国は、CoRAPにより提案された物質から自国が評価する物質を選ぶことができます。選ばれない物質がある場合、ECHAが加盟国の監督当局を割り当て、その割当てへの合意を得るため、加盟国専門委員会に付託することで、その物質の評価を確実に実行します。加盟国専門委員会が60日以内に全会一致で合意に達した場合、加盟国はその物質を評価しますが、全会一致の合意に達しない場合、ECHAが加盟国専門委員会での対立する意見をEU委員会に提出します。EU委員会はコミトロジー手続きによって権限のある当局を決定し、加盟国はその決定に従い評価のための物質を採用します。

加盟国は、CoRAPにない物質が評価を優先すべきであるという情報を入手した場合、いつでもECHAに通知を行うことができ、その場合、ECHAは専門委員会の意見に基づき追加するかどうかの決定を行います。

評価に用いる情報

　物質評価は、その物質に関して提出されたあらゆる関連情報およびそれ以前のあらゆる評価に基づいて行われます。「物質の固有特性」に関しては関連物質の情報も評価に含められます。

　評価結果により、附属書VII〜X（トン数帯ごとの物質の標準的な情報の要件）で要求されていない情報を含め追加情報が必要な場合、監督当局はCoRAP公表後12カ月以内に、理由と提出期限を示した上で、登録者に追加情報を要求する場合があります。

　登録者は期限までに要求された情報をECHAに提出、監督当局は登録者の情報提出から12カ月以内に物質評価を終了し、ECHAへ通知します。

Q67

CoRAPとCLSの関係
CoRAPとCLSの関係を教えてください。

ローリング・アクション・プラン（CoRAP）

REACH規則では、加盟国が協力して有害性情報やばく露情報、総トン数を考慮した物質の評価の優先順位づけを行い、向こう3年間の各年において評価の対象とする物質を特定するローリング・アクション・プラン（CoRAP）を作成することを規定しています。ECHAにより上記内容を考慮した草案が毎年2月28日までに作成・提案され、加盟国の合意のもとで、向こう3年間の評価物質を取り上げ、毎年対象物質が更新されます。なお、優先順位付けは、リスクベースのアプローチに基づかなければならないと規定されています。

評価完了後は、評価から得られた情報を人の健康や環境に悪影響を及ぼす懸念のある物質、すなわち、CLSや、制限物質（附属書XVIIへの収載）、CLP規則の附属書VIでのCMRや呼吸器感作性等の調和した分類等の提案のために利用されます。物質評価に基づくフォローアップの結論は、さらなるリスク管理措置を直接開始するものではありません。提案されたコミュニティ全体の行動は、個別の意思決定プロセスの対象となり、加盟国はこの目的のために通知を提出する必要があります。　REACH規則およびCLP規則の下での認可、制限、および/または調和した分類については、プロセスのすべての関連段階で利害関係者に相談し、ECHAが採用した意見に基づいて決定を下します。

CLS特定の提案

ここで、CLSに特定される手続きについてみてみますと、人の健康や環境に悪影響を及ぼす懸念のある物質をCLSとして提案する意図は、提案が提出される前に公開され、業界およびその他の利害関係者に通知するためです。

この提案は、REACH規則の附属書XVに従って作成され、2つの主要部分を含んでいます。最初のものは、物質をCLSとして特定するためのデータとその正当性を提供します。2番目は、特定後のフォローアップ中に調査されますが、

EU市場の規模、物質の用途および可能な代替物に関する情報が含まれます。

　提案の公開後は誰でもそれについて意見を申し出ることができ、また45日間の協議中に追加情報を提供できます。物質の特性、その用途、代替案について意見を申し出ることができます。

　CLS特定の提案に異議を唱える意見がない場合、その物質は直接候補リストに含まれます。用途および代替案に関する意見は収集され、プロセスの後の段階、つまり認可リストに含める物質の推奨中に使用されます。

　新しい情報を提供する意見またはCLSとしての特定の根拠に異議を唱える意見を受けた場合、提案と意見の両方が、CLSとしての物質の特定に同意するために加盟国委員会（MSC）に照会されます。

　委員会が全会一致の合意に達すると、その物質は候補リストに追加されます。委員会が全会一致の合意に達しなかった場合、問題は委員会に付託されます。

　このため、どの物質がCLSに特定されるかについては、ECHAの提案と加盟国間の評価動向を注視し、その後の動向について備えておくことが肝要です。

第7章

「評価」にまつわるQ&A

Q68

動物実験が評価対象になる理由
動物実験はなぜ評価対象になるのでしょうか。

脊髄動物の試験は最後の手段

　化学物質の登録では、安全性を調べるために毒性に関するデータがないものについては、動物実験で急性毒性試験、遺伝毒性試験や生殖発生毒性試験などが新たに行われることがあります。

　EU域内では、実験その他の科学目的に使用される動物の保護に関する指令（86/609/EECいわゆる動物実験指令）に従い動物実験の廃止がすすめられています。REACH規則でも、「脊椎動物の試験の代替、減少の必要があり、動物試験を避けるために、本規則の目的に沿った脊髄動物の試験は、最後の手段としてしか行ってはならない。」としています。

不必要な実験を避ける方法

　動物実験に関しては、信頼性のあるデータを得られる方法が他にない場合にのみ実施することで、不必要な動物実験を回避できます。動物実験の回数を減らすためには複数の方法があります。

　脊椎動物の既存の試験結果を共有し、重複する動物実験を避けることで動物実験の回数を減少することができます。同じ物質を生産または輸入している企業は、協力して、その物質の固有の特性に関する情報を共有する必要があります。有効な動物試験の結果がSIEFで入手できる場合は、共同登録者と共有する必要があります。

　また、「似た化合物は似た特性を有することを類推する読取り法」（Read-across）や「関連する複数の実験結果を集めて推定する」（weight of evidence）ことで、動物実験の回数を減らすことができます。このためには、科学的判断の使用が必要であり、適切で信頼できる文書を提供することが不可欠です。

　さらに、化学物質の構造と生物学的な活性との間に成り立つ統計学的な関係性である定量的構造活性相関QSAR（Quantitative Structure-Activity

Relationship）を併せて申請することを許可することで、コンピューターモデルを使用して構造的に類似した物質から予測することで動物実験が避けられます。

　生物全体ではなく、隔離された組織、器官、または細胞を使用して実施されるインビトロ法（in vitro）によっても、情報の要件を結論付けるのに十分な場合もあります。

動物実験に関する情報

　REACH規則では動物試験に関するデータの共有に関して、第40条２項で「脊椎動物による試験を含む試験案に関する情報」をECHAのウェブサイトで公表しています。ウェブサイト上で物質名称、脊椎動物試験が提案されている有害性エンドポイントに関して、あらゆる第三者から情報が求められる日の期限を公表しています。

　さらに、「ECHAが義務を果たすために毎年２月28日までに前暦年に実施した登録文書一式の評価の進捗状況をウェブサイト上で報告しなければならない」としています。登録文書一式の評価の中で、動物実験のテスト提案が含まれている場合には、不必要な動物実験や不必要なコスト発生を含んでいないか、テスト結果は化学物質安全性評価プロセスと同等であるか、についての調査をして公表することとしています。

　ECHAから2019年２月27日に「Progress in evaluation in 2018（評価進捗2018）」がウェブサイトに公開され、この中で、登録における代替試験法の利用状況が説明されています。さらに、３年ごとに専門レポート「REACH規則のための動物実験の代替手段の使用」が発行されており、脊椎動物を用いた試験についての評価を行っています。

Chemical Column⑦ 評価の押さえどころ

　REACH規則による登録は、第10条に要求される登録一式文書（Registration Dossier）をIUCLID 6（International Uniform Chemical Information Database）というデータベースを利用して作成します。登録一式文書の作成完了後、ECHAのウェブサイトにあるREACH-ITへ提出します。提出された登録一式文書について、ECHAが次の評価を行います。

(1) 法令適合性の評価

　　トン数帯ごとに受理した一式文書の中から全体の５％以上（抽出率の引き上げを検討中）を抽出し、次項などを確認します。

　　・一式文書が要求基準に適合していること
　　・一式文書の標準的情報の適合性と正当な根拠がトン数帯ごとの一般的規定に適合していること
　　・化学物質安全性評価（CSA）や化学物質安全性報告書（CSR）が定められた要件に適合し、リスク管理措置の検討が十分であること

(2) 試験提案の審査

　　一部の試験データで、短期間で結果が得られない情報は、まず試験提案を提出することで登録ができます。提出された試験提案は、PBT、vPvB、CMRあるいはこの特性を有する懸念のある物質およびCLP規則で危険有害性と分類される物質で、100トン以上の量で広範囲にばく露をもたらす用途物質などが優先して審査されます。脊椎動物試験提案に関する情報は、ECHAがウェブサイトで公表し、第三者の意見を求めます。

(3) 物質評価

　　物質評価は、物質の使用・用途を考えた場合に、人の健康や環境へ重大なリスクを生じさせないかを確認します。ECHAは毎年物質評価の優先対象物質を向こう3年にわたる評価計画として、欧州共同体ローリング・アクション・プラン（CoRAP:Community Rolling Action Plan）を作成します。CoRAP収載物質は、各加盟国が分担して評価します。
　　このCoRAPから認可候補物質（CLS）が検討されます。

Chapter

第8章
「認可」にまつわるQ&A
Q69〜76

認可の対象
認可対象物質と用途
認可申請

Q69

認可とは

REACH規則における「認可」とは、どのような目的で行われるのでしょうか。また、適用される対象は何でしょうか。

認可の目的

　化学物質によっては、人や環境に与える影響が非常に深刻で、本来はその使用を禁止すべきものがあります。しかし、すでに製造、使用されており、代替が容易でない場合もあります。

　認可のシステムは、人や環境に与える影響が非常に深刻で、その影響が不可逆的である高い懸念を有する有害な物質について、人の健康または環境へのリスクを評価し、その上市・使用の可否を決定する仕組みです。

　認可を申請する製造者、輸入者および川下使用者はすべて、代替の利用可能性を分析し、そのリスクや代替の技術的、経済的実現可能性を考慮しなければなりません。リスクが適切に管理され、経済的および技術的に実用可能な場合に限り、その物質は使用や上市が可能になります。認可がなければ、日没日（Sunset Date、認可を受けない限り、上市や使用が禁止される日）以降はその物質をEU域内では使用することができなくなります。日没日の18カ月前までに認可申請をすれば、少なくとも認可の決定までは継続して上市ができます。

　ECHAでは組織的にCLSを代替するための活動を推進しています。サプライチェーンの能力強化として、懸念物質のより安全な代替物質の研究、評価、採用を促進する協業の構築や、代替のための資金調達と技術支援、ECHAの化学物質データを効率的に使用できるようにしています。

認可の対象

　REACH規則第57条の基準に該当する物質（発がん性、変異原生、生殖毒性物質、難分解性、生物蓄積性、毒性のある物質および人の健康や環境に深刻な影響を引き起こすかもしれない物質など）であるCLSから、加盟国の専門家の意見や、生産量、リスク、代替物質や技術によって認可対象物質を決定して認可物質として附属書XIVに収載されます。2019年９月現在、REACH規則附属書XIVに

記載されている物質は43物質です。2018年9月5日にECHAから認可対象物質として附属書XIV収載する第9次の勧告草案として18物質が勧告されました。

2013年に「2020年までのCLSの特定とREACH規則におけるリスク管理措置の実施に関するロードマップ（SVHCロードマップ）」が公表されました。現在知られている非常に懸念の高い物質を全て認可対象候補リストに含めることを目的にしており、2013年から2020年までに440物質を追加する、としており、将来的には約600物質が収載されると見込まれています。

認可の適用除外

次のような用途は認可の適用除外となっています。

研究開発での使用、植物保護製品、殺生物性製品、ガソリンおよびディーゼル燃料など自動車燃料、可動式または固定式燃焼プラントにおける燃料、化粧品における使用、食品包装容器における使用、混合物中のPBT・vPvB・内分泌かく乱性物質の濃度が0.1wt%未満の場合、単離されない中間体。

Q70

認可対象物質製造者の必要な対応
当社は認可対象物質を含む材料を製造していますが、どのような対応が必要でしょうか。

混合物の場合の対応

　貴社が製造しているのは認可対象物質を含む材料なので、それは混合物か成形品かのいずれかということになりますが、各々で対応が異なります。

１．認可申請

　認可対象物質は量にかかわらず、認可を受けなければEU域内では使用および上市ができませんので、まずその使用の廃止や代替物質の使用等を検討します。

　すぐにはそれが不可能で使用せざるを得ない場合、使用の認可申請が必要です。認可申請を行えるのはEU域内の製造者、輸入者、川下企業だけです。

　また、認可申請は、その認可対象物質の用途毎に申請が必要です。

　認可申請には申請期限日（Latest Application Date）が設定されており、この日までに申請手続きを行わねばなりませんのでその確認が重要です。具体的には、申請期限日とは、附属書XVIIに掲載される日没日の18カ月前の日です。

　申請がこの期限日までに受理されていれば、日没日までに認可手続きが終了していなくても、結論が出るまではその物質の継続使用が認められます。

　認可の有効期限は物質ごとに決められますが、認可を受けると認可番号が与えられ、REACH規則第65条により、その物質または物質を含む混合物は、上市前にそのラベルに認可番号を記載する義務があります。

　また、第56条６項に規定される以下の混合物は、認可対象ではありません。

① 第57条(d), (e)および（f）で定められる様な、難分解性、生体蓄積性その他の危険有害性を有する物質を0.1wt%未満含有する場合

② ①以外の物質で、濃度がCLP規則附属書VI表３に定める限界値で混合物の分類が危険となる最低値未満の場合

　なお、REACH規則第62条４項により、認可申請時には、代替物質のリスクおよび代替の技術的経済的実現可能性を考慮した代替物質の検討についての情報の提出が求められます。申請時には認可対象物質の代替は不可能であっても、中長期的にはその使用を廃止し、代替の方向で検討していくことが必要です。

2．情報伝達

　認可を受けた混合物は、REACH規則では第31条に規定されているように、CLP規則に従った危険有害性の分類基準に該当する等の場合には、SDSで川下企業への情報伝達が必要です。

　なお、EU域内へ輸出する混合物中の物質が年間10トン以上の場合には、さらに化学物質安全性報告書（CSR）の提供が必要となります。

成形品の場合の対応

1．認可申請

　EU域外で製造された認可対象物質が含まれるEU域内へ輸入される成形品の場合は、認可は不要です。ただし認可対象物質を含有する成形品に関して、リスク管理がされていないとEU委員会が判断した場合等は、それが制限対象物質とされ、それらを含む成形品の上市などが制限される可能性があるので注意が必要です。

2．情報伝達

　成形品に含まれる認可対象物質はCLSとしても継続しているのでその濃度が0.1wt%超ならば、EU域内の供給者は供給先に対して、少なくとも物質名と安全な取扱いに関する情報伝達を行う義務があります（第33条第1項）。

　なお、REACH規則ではその運用によって得られた知見を基に5年ごとにレビューを実施しています。2018年3月公表の第2次レビューでは、今後の活動項目の1つとして、「『循環型経済活動計画」によって「材料や製品中の高懸念物質を追跡する仕組み」が必要」とされ、同年6月の廃棄物枠組み指令の改正により、ECHAは2020年末までにECHAに成形品中のCLSのデータベースの構築を進めています。

3．届出

　EUに輸出する成形品のCLSの含有量が0.1%wt超で、かつ年間1トン超ならば、EUの輸入者は届出が必要です。ただし、その物質がすでに同じ用途で登録されている場合、あるいは廃棄を含む通常のまたは予測可能な使用条件下で人または環境へのばく露を排除できる場合には不要です。

登録以外の用途で認可対象物質が使用される場合

認可対象物質が、すでに登録されている用途とは異なる用途で成形品に使用されている場合、EUの輸入者および日本の成形品メーカーにはどのような義務が生じるのでしょうか。

認可申請の義務

　EU域内の輸入者と、日本の成形品メーカーそれぞれの認可申請義務について説明します。

１．EU域内の輸入者の義務

　REACH規則第56条では、附属書XIVに記載される物質、またはそれを含む混合物をEU域内で製造・輸入する場合は認可申請が必要となります。EU域内で認可対象物質を使用して成形品を製造する場合にも、その物質に対して認可申請が必要です。

　認可は登録とは異なり、その取扱量に関係なく申請が必要です。認可申請では、物質名称、申請者名称・連絡先、認可を求める用途の特定、登録の際提出されていない場合には化学物質安全性報告書（CSR）、化学物質のリスクおよび代替の技術的・経済的実現可能性を考慮した代替物質の解析、その代替計画を提出します。

　申請期限についても注意が必要です。REACH規則では、認可を受けない限り、物質の上市や使用が禁止される日（日没日）が定められています。少なくとも日没日の18カ月以前までに申請が受理される場合には、一定期間の販売と使用が認められます。

２．EU域外の製造者の義務

　一方、EU域外の製造者には認可申請の義務はありません。認可申請できるのは、EU域内の製造者、輸入者、川下使用者とされています。したがって、認可申請をしないまま、前述した日没日を迎えてしまうと、輸出できない事態が生じかねません。

　また、第58条６項に示されるようにEU域外で製造された成形品に対する新た

な制限が設けられる可能性もあります。有害性に特に懸念のある認可対象物質を使用している認識を持ち、十分な管理をしていくことが必要です。

その他の義務

　輸入者または日本の成形品メーカーには、届出、情報伝達などの義務が生じる可能性があります。

　届出や情報伝達の義務は、「成形品中のCLS濃度が重量比0.1%を超える」場合に生じます。成形品中のCLS情報伝達の義務を果たすには、輸入者および製造者（EU域内外とも）は、川下企業に少なくとも物質の名称を含む情報を流す必要があります。また、消費者からの問合せには45日以内に無償で回答する義務があります。

　物質や混合物の場合は川上企業からSDSの入手が可能ですが、部品や材料の場合はSDSに代わる情報（物質名やCLSの含有量など）の提供を川上企業から求めるなどして情報収集する必要があります。

Q72

認可の申請
認可の申請はどのように行えばよいのでしょうか。また、どのような場合、認可が下りるのでしょうか。

認可の申請

認可の申請から見直しまでの手順を整理します。

認可の申請はREACH規則62条に記載されています。

申請は、EU域内の製造者、輸入者、川下企業が1社または複数で行います。

認可申請では、物質名称、申請者名称、連絡先、認可を求める用途の特定、化学物質のリスクおよび技術的・経済的実現可能性を考慮した代替物質の解析と代替計画、社会経済分析などをECHAに提出します。

認可申請書類の提出や必要な費用の支払いが完了すれば、認可申請手続きが開始されます。手続きの最初のステップとして、認可申請内容が公表され、代替物質に関する情報等についてECHAのウェブサイトの認可申請ページに掲載されて広く第三者に対して意見募集が行われます。

認可申請リストと認可リストはECHAのウェブサイトで公開され、後続の申請者は、先行の申請者の許可を得て、CSR、代替物質の解析、代替計画、社会経済分析について、提出情報を引用することができます。

申請期限にも注意が必要です。認可対象物質は、上市と使用が禁止される日（日没日）が定められています。少なくとも日没日の18カ月前までに認可申請が受理される場合には、日没日以降も許可申請について決定が下されるまで継続して上市と使用が認められます。

認可の要件

認可には、次の2つの要件があります。

1．適切なリスク管理

認可対象物質の使用から生じる人の健康または職場へのリスクが、申請者のCSRの通りに適切に管理されている場合に認可されます。物質の全ライフサイクルを通じた放出、排出、損失を含み、その物質のばく露が悪影響を及ぼす閾値

未満であることが必要です。

2．社会経済的便益

　社会経済的便益がその物質の使用から生じる人の健康や職場へのリスクを上回ることが示され、また代替物質や代替技術がない場合に、認可されます。

　たとえば、以下の(1)～(3)に示す安全レベルを定められない物質や、適切なリスク管理が不可能なことから認可されない物質でも、社会経済的便益が認められれば、認可される場合があります。

　(1) CMR物質、内分泌かく乱物質などで、閾値が決められないもの
　(2) PBT物質、ｖＰｖＢ物質の基準に該当するもの
　(3) PBT物質、ｖPvB物質と同等の懸念のある物質

認可の見直し

　認可は期限付きであり、見直し期間はケースバイケースで決められます。認可保有者は、認可後もばく露の低減に努め、認可の見直しへの対応が必要となります。認可保有者は、認可の見直し条件に関して、CSR、代替物質の解析、代替計画、社会経済分析の更新データを提出する義務があります。

　また、「認可後のリスクと社会経済的効果の状況が変化した場合」および「適切な代替物質が利用可能になった場合」には、ECHAは認可の見直しを行います。

Q73

認可対象物質の含有の確認方法

認可対象物質を社内工程では使用していませんが、調達材料に含有してるかどうか、どのように確認すべきでしょうか。

調達材料中のCLS

　社外からの調達材料中に含まれている物質を確認するには、購入者側で分析等を実施する方法によるのでは、多大な手間やコストを要し、現実的な方法とは言えません。

　まず、調達材料が物質あるいは混合物の場合には、不純物として含有されている場合も含め、サプライヤーにその含有成分の情報提供を求めることにより確認できるようにすることが望ましい方法です。

　一方、成形品の場合にはそれが複雑な構成をしている場合も多く、詳細な情報を得るのが困難な場合もあります。

　しかし、REACH規則第33条によれば、CLSを0.1wt%超含む成形品のサプライヤーはその受領者および消費者に対し、それらを安全に使用するための十分な情報を伝達する義務があるとされていますので、そうした場合にはサプライヤーからの情報を利用することができます。

　また、ECHAではウェブサイト上で「Information on Candidate List substances in articles」を公開しています。

　これは2019年9月現在191物質のCLSについて、その名称、CAS No.の他、それらが使用される成形品のカテゴリー別にその用途についての情報が示されています。このインフォメーションは調達品中にどのようなCLSが含まれている可能性があるのかを、スクリーニングする非常に有用な情報源として活用できます。

　上記のような方法によって調達材料中の認可対象物質の有無を確認していきますが、外部より材料を調達する側としては以下のような手順で調達材料の含有化学物質を管理する仕組みを構築していくことが望ましいと考えられます。

　① 自社製品の含有化学物質の管理基準を明確化し、その製品の部品構成表か

ら使用されている調達材料を特定します。

② 特にその中でもREACH規則の認可対象物質等の含まれている可能性があり、重点的に管理する必要のあるものを特定します。その際には例えば上記ECHAによるInformation on Candidate List substances in articlesに掲載されている情報が有効に活用できます。そして、その材料の購入先であるサプライヤーに対し、含有化学物質の情報提供を求めます。求める情報とは、認可対象物質の含有の有無、含有濃度、用途等ですが、納品時にはこれらの情報を記載した品質証明書を添付させるように求めます。また、認可対象物質が最終的に製品出荷時には含まれない様にしていくには、製品に直接含まれることになる材料以外にも潤滑油や切削油等の副資材に対しても、それらによる汚染防止のため、こうした注意が必要です。
そして、これらの要求事項は、サプライヤーへの注文書等、購買文書に明記することが重要です。提供された情報は文書として管理します。

③ 調達材料の受入れ時における合否の判定方法や不合格の場合の処置法等も予め規定しておくことが重要です。そしてその結果も文書化した情報として管理します。

　ここで留意すべきこととして、情報提供を求めるサプライヤー側としては、そうした情報は企業秘密として扱わねばならない場合もあるので、先方へは含有化学物質関連の情報提供の必要性を十分説明すると共に、適宜秘密保持契約を締結する等の配慮も必要です。

Q74

認可の適用除外
認可物質には適用除外があるのでしょうか。

適用除外用途

　認可物質リストに掲載されている個々の物質の詳細欄に適用除外用途欄が設定されており、ここに記載されている用途は適用除外となります。さらに、以下の用途での使用にも適用除外が定められています。

(1) 中間体の適用除外（第2条8項）

(2) 研究開発における適用除外（第56条3項）

(3) 他の法規制で規制されている用途の適用除外（第56条4項）

　　・指令91/414/EEC[*1]が適用される植物保護製品での使用

　　・指令98/8/EC[*2]が適用される殺生物性製品での使用

　　・指令98/70/ECが適用されるディーゼルおよびガソリン自動車燃料

　　・鉱物油製品の可動式または固定式燃焼プラントおよび閉鎖系用燃料

(4) 化粧品、食品接触材料における使用の適用除外（第56条5項）

　　化粧品指令（76/768/EEC）が適用される化粧品および規則1935/2004が適用される食品接触材

(5) 混合物中の物質（第56条6項）

　　・第57条(d)難分解性・生体蓄積性・毒性(e)極めて難分解性で高い生体蓄積性および(f)内分泌かく乱性の場合、0.1wt%の濃度限界値未満の物質

　　・その他の物質で、混合物が有害性(a)発がん性(b)変異原性(c)生殖毒性に分類されるなどの場合は、CLP規則附属書Ⅰ§1.2.2による濃度限界値未満

---

*1 指令91/414/EECは規則1107/2009に置き換わっています。

*2 指令98/8/ECは規則528/2012に置き換わっています。

Q75

シロキサンの規制
シリコーンゴム製の部品を使っています。シリコーンゴムにはシロキサン（D4〜D6）が入っているとの情報があります。REACH規則の規制に抵触する濃度でしょうか。

シロキサンとは

シロキサンとはケイ素と酸素が交互に結合したケイ素化合物です。シロキサンの中でケイ素と酸素の結合が環状になっているものを特に環状シロキサンと呼びます。

認可対象候補物質

2018年６月27日にCLSとして、環状シロキサンのオクタメチルシクロテトラシロキサン（D4）、デカメチルシクロペンタシロキサン（D5）、ドデカメチルシクロヘキサシロキサン（D6）が収載されました。

制限物質

REACH規則では使用後に水で洗い落とす化粧品中に0.1wt%以上含有しているD4とD5を制限物質として2020年１月31日以降の使用を制限しています。

その他、D4、D5、D6を合計して0.1wt%以上含有するパーソナルケア製品やドライクリーニング、洗剤などの消費者および事業者が業務で使用する製品およびD6を0.1wt%以上含有する使用後に水で洗い落とす化粧品の使用を制限する提案が2019年３月20日に出され、2019年９月20に意見募集を終了しました。

シリコーンゴム中のシロキサンの含有濃度

シリコーンゴムの製造は、200℃で一定時間加熱し、残留するD4、D5、D6を含む揮発性の高い低分子量シロキサンを除去する２次加硫の工程があります。この工程でD4、D5、D6を含む揮発性の高い低分子量シロキサンは揮発し、一般的に残留量はREACH規則に抵触しない0.1wt%以下になると考えられます。

141

Q76

認可と制限の重複
附属書XVIIのエントリー51で、フタル酸エステル類が制限されますが、対象のフタル酸エステル類は認可物質です。認可と制限が重複していますが、どのように解釈したらよいのでしょうか。

認可と制限

　REACH規則において、附属書XIVに収載される認可物質と、附属書XVIIにて規定される使用が制限される物質は、重複する場合があります。しかし、認可と制限は相互に補完をしていて、重複して規制されることはありません。

　認可と制限の違いをまとめると以下のようになります。

・認可

　認可対象となる物質そのもの、もしくは混合物に含まれる物質の使用、または成形品への組込みについて、認可を付与した場合のみ使用が認められます。ただし、EU域外で製造された認可対象物質を含有する成形品の上市については認可の対象ではありません。

・制限

　危険有害性のある物質、その混合物およびそれを含有する成形品について、条件を規定して製造、上市および使用が制限されます。EU域外で製造された対象物質を含有する成形品については、その条件を順守する必要があります。

　認可対象物質を0.1wt%以上含有する成形品をEUへ輸出する場合、認可の対象ではありませんが、含有情報と安全に取り扱うために必要な情報を輸出先に提供する必要があります。一方、その物質が制限対象物質として特定されている場合で、制限条件に該当する場合は輸出することができません。

フタル酸エステル類の状況

認可対象物質リストに現在収載されているフタル酸エステル類は、2013年に収載されたBBP、DEHP、DBP、DIBPの４種と、2017年に収載された７種があります。

最初の４種のフタル酸エステル類は、日没日（2015年２月21日）をすでに経過しています。これら４種のフタル酸エステル類は、RoHSⅡ指令で追加され、2019年７月22日より使用が制限されるようになった４物質と同一です。後の７種のフタル酸エステル類については、日没日が2020年７月４日ですので、認可を取っていないとそれ以降EU域内での製造、上市はできなくなります。

附属書XVIIのエントリー51はフタル酸エステル類に関する制限について記載されていますが、2018年12月17日に改訂されました。それまでは３種のフタル酸エステル（BBP、DEHP、DBP）について玩具あるいは育児製品へ0.1wt％以上の含有を制限するものでしたが、この改訂でDIBPが追加され、人体への影響が少ないと考えられる以下の適用除外用途を除いた全ての成形品に対して2020年７月７日から適用されることになりました。

- ・工業用および農業用、または屋外でのみ使用され、可塑化された材料が皮膚や粘膜に長時間接触しない成形品
- ・2024年１月７日までに上市された飛行機や車両、またはメンテナンスや修理だけに使用され、性能を維持するために不可欠な成形品
- ・実験用の測定機器
- ・食品接触材、医薬品の包装、医療機器や電気電子製品といった既存の他法規制で規制対象となっている成形品
- ・RoHSⅡ指令（2011/65/EU）の適用範囲である電気電子製品

これらの物質はすでに認可対象物質であるため、認可対象でないEU以外から輸入される成形品への制限に関するものであり、制限条件に合致するものについてはEUへ輸出することはできません。

Chemical Column⑧ 認可の押さえどころ

　認可物質は、REACH規則第57条の要件の物質について、第59条の手順により、CLSを特定し、附属書XVの一式文書を作成し、パブコメや加盟国専門委員会への諮問などによりECHAが特定し、EU委員会に追加の勧告をして決定します。

　附属書XVの一式文書はCoRAPによるCLSから作成しますが、各加盟国も作成できます。認可物質は、EU委員会、ECHAによる起案と各加盟国起案の2通りあります。

　ECHAは附属書XVの一式文書に含める時の優先度を「PBTまたはvPvBの性質」「広く分散して使用」「高生産性」などから決めています。

　認可物質は、附属書XIVに示された申請期限日（Latest Application Date）までに認可の申請をしないと日没日（Sunset Date）をもって「上市」「使用」「成形品への組込み」ができません。

　認可申請は製造者、輸入業者または川下ユーザーがすることができ、認可を得た申請者しか「上市」等ができません。認可を得た製造者の製品を使用（購入）する場合は、認可要件での使用を3カ月以内にECHAに届出することで使用できます。

　同一物質が制限にもある場合は、制限の用途は認可されません。

　認可を得ていない場合の非意図的混入等の濃度限界は、第57条の要件により異なります。(a)〜(c)は、CLP規則附属書VI表3に定める濃度、(d)〜(f)は0.1%です。

　なお、第57条の要件は次のとおりです。

　(a) 発がん性物質　　区分1または2

　(b) 変異原性物質　　区分1または2

　(c) 生殖毒性物質　　区分1または2

　(d) 難分解性・生物蓄積性物質・有害性物質

　(e) 極難分解性物質・極生物蓄積性物質

　(f) 内分泌かく乱物質や上記と同等のレベルの懸念物質

Chapter

9

第9章

「制限」にまつわるQ&A
Q77〜83

制限の目的
制限の対象
制限の条件

制限

REACH規則における「制限」とは、どのような目的で、何を行うのでしょうか。また、適用される対象はどのようなものでしょうか。

制限の目的

　「制限」とは物質を製造、使用または上市するとき、人や環境に容認できないリスクがあり、かつEU全域で対処が必要と判断されたときに、使用条件をつけたり、使用を禁止する措置がとられたりすることを指します。制限の対象となる物質はREACH規則附属書XVII「ある危険な物質、混合物および成形品の製造、上市および使用の制限」にリストアップされています。

制限物質の指定

　EU委員会、ECHAあるいは加盟国の発意に始まる定められた手続きを経て、EU委員会の決定により、制限の追加や改正が行われます。また、附属書XIVに記載されている認可対象物質についても、成形品に含まれることで人の健康や環境へのリスクが考えられる場合は制限の対象になりえます。消費者に使用されるおそれがあるCMR物質であり、かつEU委員会が消費者の使用の制限を提案している物質、混合物または成形品に含まれる物質について、専門委員会の手続きを経て、附属書XVIIの改正案が作成されます。

附属書XVII　制限対象物質リストの記載項目

　ECHAウェブサイトに最新の附属書XVIIの制限対象物質リストが記載されており、詳細情報として以下の項目が記載されています。

・名称
・EC No.およびCAS No.　（物質群として制限対象にエントリーされている場合は、EC No.およびCAS No.は特定できないため記載されません）
・制限条件
・付記　（付記情報へのリンク）

・規格　（関連する規格情報へのリンク）

・制定および修正の履歴

・Q&A　（当エントリーに関連するQ&A）

附属書XVII　制限対象物質エントリー例

　附属書XVIIには制限の適用対象となる物質がエントリーNo.とともにリストアップされています。

　例えば、エントリー１のPCTは、廃油や機器中の含有を含め0.005wt%を超える濃度での上市と使用が禁止されています。エントリー28は発がん性、エントリー29は変異原性、エントリー30は生殖毒性に分類される物質全般を対象に上市や使用が制限されています。エントリー28、29、30はいずれもCLP規則の附属書VIのPart 3に記載されている濃度基準に適合に従うことが規定されています。エントリー48のトルエンは、一般消費者向けの接着剤やスプレー塗料について、0.1wt%を超える濃度での上市や使用を禁止するなどの制限条件が記載されています。

　なお、制限対象物質や制限条件は、改訂されたり、新規に導入されたりします。附属書XVIIに関してECHAから発信される情報には注意を払い、情報収集しておく必要があります。

　2019年９月現在、附属書XVIIの制限対象物質リストはエントリー１から73まで記載されています。なお、エントリー33、39、42、44、53は削除され欠番となっています。削除の理由としては、REACH規則の制限よりも厳しいEU規則で規制されることになったことが記されています。

　エントリー33と39はオゾン層に影響を与える物質として、EU規則No 2037/2000で規制されています。エントリー44と53は残留性有機汚染物質としてEU規則No 850/2004で、エントリー42も残留性有機汚染物質でありEU規則No 850/2004の修正としてEU規則No 519/2012で規制されています。

第9章

「制限」にまつわるQ&A

Q78

制限対象物質を含む製品の対応

当社はREACH規則で制限対象物質を含有すると思われる材料（物質・混合物）をEUに輸出しています。当社がすべき対応とはどのようなことでしょうか。

物質の特定

まず、貴社が製造している材料に含まれる物質の把握を行います。

材料に制限物質の含有が確認できた場合は、REACH規則附属書XVIIを参照し、その物質の使用条件が、制限の条件に該当していないか確認する必要があります。

制限対象物質の情報収集

制限物質への対応には、附属書XVIIを定期的に閲覧して、制限対象物質の最新情報の収集を行うことが必要です。

例えば、附属書XVIIは2018年12月18日に改正されました。この改正で制限対象となるフタル酸エステル類に従来のフタル酸ビス（2-エチルヘキシル）（DEHP）、フタル酸ビスブチル（DBP）、フタル酸ブチルベンジル（BBP）3種の他、新たにフタル酸ジイソブチル（DIBP）が追加になりました。

制限内容も3種合計0.1wt%以上の含有する可塑化された材料を使用している玩具および育児用品から、4種合計0.1wt%以上含有する可塑化された材料を使用している全成形品（一部の例外を除く）に拡大されました。

2019年9月16日にEUは制限物質としてジイソシアネート類を附属所XVIIに収載する改正案を世界貿易機関（WTO）に提出しました。この改正案は2019年12月に採択され附属書XVIIに収載される見込みです。

制限対象物質の対応

REACH規則附属書XVIIには制限の条件が記載されています。

制限の条件には、特定物質の「特定製品への使用禁止」、「消費者の使用禁止」、

「完全な使用禁止」などが記載されています。また、制限条件として物質の濃度が記載されている場合と、濃度に関係なく制限される場合があります。制限の条件に該当する場合は、材料の製造、上市、使用が禁止されることになります。

　この制限の目的の１つは「消費者および危険な物質・混合物を使用する特定の人々および環境を保護する」ことにあります。ただし、化粧品のように他の規制（化粧品規則（(EC) 1223/2009）が適用されるケースがあります。REACH規則では、EUで施行されている既存の法規制がREACH規則の規制より厳しい基準を設けている場合は、既存の法規制が適用されます。

　以上を考慮した上で、貴社の材料に含まれる制限対象物質が制限条件に該当していないかどうか確認する必要があります。

サプライチェーンでの情報伝達

　REACH規則では物質のリスク管理は製造者または輸入者の責任の一部であるとし、川下企業を含むサプライチェーン全体に対して情報伝達を求めています。

　したがって、貴社は材料の輸入者に対して、SDSを提出する必要がありますし、SDSが不要な場合でも、認可の有無、制限についての情報などを伝達する必要があります。

Q79

認可対象物質への制限
「認可」の対象物質が、「制限」の対象になることはないのでしょうか。

認可対象物質と制限対象物質

REACH規則では、認可対象物質は附属書XIVに、制限対象物質は、附属書XVIIIに収載された物質とされており、各々、該当する物質を特定する手続きが定められています。

対象物質の重複の有無

認可対象物質が制限対象物質となるか否かに関しては、REACH規則第58条に規定されています。

第58条5項では、認可対象物質として特定され附属書XIVに物質名とあわせて収載される「物質の特性」に関しては、重複して制限対象としないこととされており、認可対象物質と制限対象物質が重複して対象とされることはありません。

ただし第58条5項の文頭で、「6項を前提として」と記載されている点に注意が必要です。第58条6項では成形品に含まれる認可対象物質は、人の健康や環境へのリスクによっては新たな制限の対象となり得るとされています。

また第69条2項によれば、ECHAは、認可対象物質が日没日（認可を受けない限り、物質の上市や使用が禁止される日付）以降、それが成形品に使用されている場合には、人の健康や環境に対するリスクの管理状況を検討し、それが適切に管理されていなければ、附属書XVの要件に沿った制限提案のための技術一式文書を作成せねばならないとしています。そして同条3項により、この技術一式文書に示されたその認可対象物質の用途や人の健康や環境に対する危険有害性に関する情報が、EUとして既存の措置以上の取組みが必要であるとすることが示されている場合には、ECHAは制限プロセスを開始するために制限を12カ月以内に提案することとされています。

したがって、以上の規定によれば、例えば日没日以降に認可対象物質を含有する成形品に関して、リスクが適当に管理されていないと、EU委員会が判断した場合には、制限対象物質への移行手続きがとられ、制限対象物質を含有する成形

品の上市などが制限されることになります。

　また、第58条7項では、上記の逆の「制限対象物質が認可対象物質となるか否か」について、あらゆる用途が制限条件となっている制限対象物質は、認可対象物質とはならないことが明記されています。さらに第60条6項でも、制限の緩和となる場合の認可の付与が禁止されています。

　ただし、制限対象物質であっても、該当する用途への利用が制限されていない場合には、当該用途に関しての認可対象物質となる場合もあり得ます。

　このように、原則的には同一物質が重複して認可と制限の対象となることはありませんが、認可は用途を、制限は制限条件を指定した上で対象とされるため、同一物質であっても用途や制限条件の指定によっては、重複して対象となることも否定できません。

認可と制限の関係

　多くの化学物質は、換気の励行、防護服の着用といった適切なリスク管理措置が守られるなら、安全に利用することが可能です。そのためREACH規則では有害な物質であっても直ちに使用が禁止されるわけではありません。適切にリスク管理が実施される場合には、その物質の利用による社会経済的便益や代替可能性を考慮された上で、認可対象物質とされます。用途ごとに認可申請を行い、個別に認可を受けると、対象物質の利用が認められます。

　以上のように、REACH規則は、認可、制限によって、有害性が懸念される物質について、リスク管理の適切性、代替可能性、社会経済的便益を考慮しながら、より適切な物質の管理や代替物質の技術開発を促す仕組みになっています。

Q80 制限対象物質の動向
REACH規則の制限対象物質の動向について教えてください。

制限対象物質リスト

　REACH規則附属書XVIIIには、様々な化学物質が制限物質として追加されてきました。また、制限条件の見直しも継続的に行われています。最新の制限物質のリストはECHAのウェブサイトで確認することができ、2019年9月末時点で73のエントリーがあります。

最近の制限物質の話題

　最近の制限物質に関する話題をいくつか紹介します。

１．2018年４月18日付官報でエントリー71 として、１メチル２ピロリドン（NMP）が、労働者のばく露に関する所定の条件を満たしていない場合には製造や使用、上市を禁止されました。NMPは主に高い溶解性を持つ有機溶剤として用いられます。この物質はCLSでもあり、2017年２月には第８回目の附属書XIVへの収載勧告案が提出されています。しかし、今回の制限は、「労働者のばく露に関する所定の条件を満たしていない場合」との条件付きですので、NMPが認可物質として附属書XIVに収載された場合でも附属書XVIIの制限用途以外は、認可対象として申請ができます。

２．2018年10月12日付官報でエントリー72として、人と接触する可能性のあるCMR物質を含有する衣服、履物、カーペットなどの上市制限が公示されました。33種の物質および物質グループが指定されており、それぞれに上限濃度が規定されています。

３．2018年12月18日付官報で、エントリー51のフタル酸エステル類の制限条件が見直されました。フタル酸エステル類は主にプラスチック等の可塑剤として用いられている物質です。それまでは３種のフタル酸エステル類（DEHP、DBP、BBP）について玩具および育児用品のみについての規制だったのが、

1種（DIBP）を追加した上で、人体に影響がある全ての成形品に拡大されました。

制限を検討中の物質

　今後の動向を押さえるためには、制限物質として提案されている物質の検討状況を確認することが有効です。ECHAのウェブサイトでは制限対象として提案された物質のリストを見ることができます。官報が公布されるまでには意見募集が行われますが、提案者による「制限提案文書」、ECHAが作成する「意見書」、欧州委員会が作成する「改正案」の3段階があります。上記リストではそれぞれの提案がどの段階かも確認することができます。

　現在提案されているうちのいくつかを以下に紹介します。

１．入れ墨用インクおよびアートメイクに使用される物質
　化粧品規則の制限物質、CMR物質および皮膚や目に刺激やダメージのある物質の当該用途への制限
２．マイクロプラスチック
　意図的に添加されたマイクロプラスチック粒子の、あらゆる種類の消費者または業務用製品への制限
３．ホルムアルデヒドおよびホルムアルデヒド放出
　消費者向け混合物および物品中のホルムアルデヒドおよびホルムアルデヒド放出物の制限

Q81

PFOA類の含有量調査

PFOA類はPOPs条約で附属書A（廃絶対象物質）に指定されており、化審法改正によって国内では廃絶されるので含有などの調査をしなくてもよいのでしょうか。

　PFOA類（ペルフルオロオクタン酸とその塩および関連物質）は、ポリテトラフルオロエチレン合成における添加剤や、塗料のレベリング剤、水性膜形成泡消火剤、界面活性剤、撥水剤として使用されています。ストックホルム条約（POPs条約）第9回締約国会議（2019年4月〜5月）にて同条約の附属書A（廃絶）に追加すること、締約国会議に勧告することが決定されました。この決定により改正される附属書の発効は、附属書への物質追加に関する通報を国連事務局が各締約国に送付してから1年後になります。

　日本でもPFOA類を化審法に追加し、第一種特定化学物質に指定することが検討されています。

残留性有機汚染物質に関するストックホルム条約（POPs条約）

　POPs条約とは、環境中での残留性、生物蓄積性、人や生物への毒性が高く、長距離移動性が懸念されるポリ塩化ビフェニル（PCB）、DDTなどの残留性有機汚染物質（POPs：Persistent Organic Pollutants）の製造および使用の廃絶・制限、排出の削減、これらの物質を含む廃棄物などの適正処理などを規定している条約です（2004年5月17日発効）。日本は2002年8月に条約に加入しています。

　日本でPOPs の製造・使用および輸出入を規制する法律の中に化審法があります。化審法では、製造・輸入の許可制（原則禁止）、使用の制限および届出制などの規制措置を講じています。ただし、他に代替がなく、人の健康等にかかる被害を生ずるおそれがない用途に限り、厳格な管理の下で、この化学物質を使用できるとしています。

PFOA類のREACH規則の附属書XVIIへの追加

　PFOA類は、REACH 規則の制限対象物質リスト（附属書 XVII）への追加が公示されました（EU官報2017年６月13日）。

　2020年７月４日から、PFOA類を化学物質として製造または上市を制限、また、PFOAおよびその塩が25ppb以上、PFOA類関連物質が 1,000ppb以上含まれる他の化学物質の構成要素や混合物、成形品の使用または上市を制限する内容となっています。

　ただし、半導体製造設備や医療機器などについては適用時期が延伸され、埋込型医療機器の製造時の物質・混合物の使用などについては、本制限の適用は除外されています。

含有濃度のリスク管理について

　このようにPFOA類はPOPs条約の附属書A（廃絶）に追加し、締約国会議に勧告することが決定されてはいますが、この決定により改正される附属書の発効は未だ先であることから、EUとの輸出入ではPFOA類の含有濃度のリスク管理は必要と考えられます。

　なお、含有濃度のリスク管理としましては、全てを分析するのではなく、部品や部材に含有するリスクを品質管理の仕組みにより品質保証していく順法システムの構築により対応していくことが重要です。

第9章

「制限」にまつわるQ&A

155

Q82

成形品に関する条文解釈

REACH規則附属書XVIIのエントリー20で有機スズ化合物が制限されていますが、その対象となる「成形品またはその一部」とは何を指すのでしょうか。

REACH規則附属書XVIIエントリー20

　ご質問の表現はエントリー20中の以下の部分（下線部）に見られ、原文では「the article, or part thereof,」となっています。

　　4　三置換有機スズ化合物
　　　(a) トリブチルスズ（TBT）化合物やトリフェニルスズ（TPT）化合物のような三置換有機スズ化合物は、2010年7月1日以降、<u>成形品またはその一部</u>にスズ元素で0.1wt％以上含有させて使用してはならない。
　　5　ジブチルスズ（DBT）化合物
　　　(a) ジブチルスズ（DBT）化合物は、2012年1月1日以降、一般消費者に供給する混合物、<u>成形品またはその一部</u>にスズ元素で0.1wt％以上含有させて使用してはならない。

1. 複合成形品の一部とする解釈

　多くの成形品を組み立てることで完成する1つの成形品を複合成形品と呼びますが、表現中の「成形品」を「複合成形品」、「その一部」を「その一部を構成する成形品」と解釈することができます。単純な例では、2つの金属部品を1本のネジで組み立てたものなど、複雑な例では、携帯電話などがあります。

2. 成形品とそれに付加された物質・混合物とする解釈

　成形品もしくは複合成形品の表面等に物質や混合物が付加されている状態の時に、表現中の「成形品」を「成形品・複合成形品」、「その一部」を「その一部に付加されている物質・混合物」と解釈することができます。

　成形品ガイド（第4版）では、成形品中のCLSについての考え方を示した項目の中で、「(CLSが)混合物（塗料、下塗り材、接着剤、シーラント等）の中

に含まれていて、成形品（または複合成形品）の不可欠な一部となる場合（or contained in a mixture (e.g. coatings, primers, adhesives, sealants) and therefore becoming an integral part of the article (or of the complex object))」という表現があります。塗料などこれらの混合物は、付加された製品と一体の成形品として扱われます。それを踏まえたうえで、これらの混合物は成形品の一部としても考えることが可能であるという解釈です。

　前述の2つの金属部品を1本のネジで止めた複合成形品をコーティングした場合がそれにあたり、コーティング材料が「その一部に付加されている物質・混合物」となります。

「その一部に付加されている物質・混合物」の例

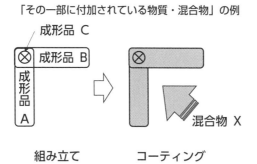

組み立て　　　　コーティング

制限条件

フタル酸エステル類が2020年７月以降、REACH規則附属書XVIIで規制対象となります。工業用製品は制限を受けないという情報を見つけたのですが、弊社製品（屋外スポーツ器具）も制限を受けないと考えて問題ないでしょうか。

従来のエントリー51

　従来からREACH規則附属書XVIIのエントリー51では、３種のフタル酸エステル類（ビス（２－エチルヘキサン－１－イル）＝フタラート（DEHP）、ジブタン－１－イル＝フタラート（DBP）、フタル酸ベンジルブチル（BBP））を対象に子供向けの玩具や育児用品への使用や含有が制限されていました。

エントリー51の改正内容

　2018年12月に公布されたREACH規則附属書XVIIの改正（（EU）2018/2005）によってエントリー51の制限内容が改正されました。改正により、従来からの対象物質であるDEHP、DBP、BBPに加え、新たにフタル酸ジイソブチル（DIBP）がエントリー51に追加されました。これにより、従来からの制限対象である子供向けの玩具や育児用品については、2020年７月７日以降、「４種のフタル酸エステル類を合計0.1wt%以上含有する可塑化した材料を含む子供向けの玩具および育児用品」の上市が制限されることになります。

　さらに、従来からの子供向けの玩具や育児用品に加え、「４種のフタル酸エステル類を合計0.1wt%以上含有する可塑化した材料を含む成形品」が新たに制限対象に追加され、2020年７月７日以降の上市が制限されることになりました。

　ただし、次の項目に該当する成形品は、この制限から除外されています。

ａ．工業および農業専用、屋外専用で使用され、可塑化された材料の粘膜への接触や皮膚に長時間にわたって接触しない成形品

ｂ．2024年１月７日以前に上市された航空機とそれら航空機の安全性および耐空性に不可欠な保守・修理のための成形品

c．2024年1月7日以前に上市された自動車の型式認証に関する指令の適用範囲である自動車と、それら自動車の機能に不可欠な保守・修理のための成形品

d．2020年7月7日以前に上市された成形品

e．実験室で使用される測定機とその部品

f．食品接触材規則および食品接触プラスチック材料および成形品に関する規則の適用範囲である食品と接触することを意図した材料および成形品

g．能動埋込型医療機器指令、医療機器指令、体外診断用医療機器指令の適用範囲である医療機器とその部品

h．RoHS II 指令の適用範囲である電気電子製品

i．人および獣医用医薬品の認可および監督に関する規則、動物用医薬品指令、人用医薬品指令の適用範囲である医薬品包装材

屋外スポーツ器具について

　貴社製品（屋外スポーツ器具）については、上記除外項目の（a）に該当する可能性があります。該当か否かを判断するポイントは次の2点があり、貴社製品が両者に該当する場合には、除外製品であること判断できます。

　・屋外でのみ使用されるか。

　・可塑化された材料が粘膜への接触や皮膚に長時間にわたる接触がないか。

　なお、ここでいう「皮膚への長期間にわたる接触」とは「1日あたり10分以上の継続的な接触、または30分以上の断続的な接触」と定義されています。

認可と制限の関係

　4種のフタル酸エステル類はREACH規則附属書XIVに収載された認可対象物質であり、認可を受けていなければEU域内では物質・混合物として使用・上市することができません。EU域外で製造された成形品は、認可の対象外ですが、REACH規則第58条6項に基づき、規制されることになりました。今回の制限は、認可の対象外であるEU域外からの輸入成形品が対象といえます。

Chemical Column⑨ 制限の押さえどころ

　制限は附属書XVIIで物質、物質グループや混合物について使用条件が示されます。使用条件に適合していない物質、混合物または成形品中の物質は、製造、上市、使用できません（第67条）。

　制限提案は、EU委員会が物質、混合物または成形品中の物質の製造、上市、使用が、人の健康または環境へ適切に管理されていないリスクが示され、対応が必須と考える場合に、ECHAに対して附属書XVの一式文書の作成の指示により始まります。

　附属書XIV（認可対象物質）の日没日以降で、成形品での使用が健康または環境への適切な管理がされていないとECHAが考える場合も附属書XVの一式文書の作成をします。

　各加盟国も物質、混合物または成形品中の物質の製造、上市、使用が、人の健康または環境への適切な管理がされていないリスクが示されて、対応が必須と考える場合に、ECHAに対して附属書XVの一式文書の作成を指示します。

　ECHAは附属書XVの一式文書を、リスクアセスメント専門委員会、社会経済分析専門委員会で、附属書XVの要件への適合性の確認を得てから、制限の提言、附属書XVの一式文書をECHAのウェブサイトで公開しコメントを求めます。

　リスクアセスメント専門委員会は、提言された制限が人の健康または環境へのリスクを低減するのに適当であるかを附属書XVの一式文書および寄せられたコメントを考慮し意見をまとめます。社会経済分析専門委員会は、附属書XVの一式文書および社会経済的影響を考慮して、提言された制限に関する意見をまとめます。意見は附属書XVI（社会経済分析）に適合した情報を考慮します。

　ECHAは両委員会の意見をEU委員会に提出し、EU委員会が提言された制限を決定します。制限の使用条件は、全面禁止もありますが、エントリー51のフタル酸エステル類の条件ではRoHS II 指令は除くなどもあります。また、エントリー71の溶剤 1 -メチル- 2 -ピロリドン(NMP)は、含有濃度ではなく、労働者のばく露レベルの導出無影響レベル（DNELs）が採用されています。制限の使用条件はこのように様々です。

Chapter 10

第10章
日本企業の課題と心配
Q84〜88

Q84

罰則

REACH規則の罰則が加盟国ごとに制定されている具体的な内容を教えてください。

罰則の制定状況

REACH規則第126条によると、加盟国は2008年12月１日までに各国の国内法でREACH規則不順守に対する罰則を定めてEU委員会に通知し、その後のいかなる修正も遅滞なく通知する義務を負っています。2010年３月発行の「Report on penalties applicable for infringement of the provisions of the REACH Regulation in the Member States FINAL REPORT（EU加盟国におけるREACH規則条項の違反に適用される罰則に関する報告　最終報告書）」では28カ国の罰則制定状況が記載されています。

罰則の具体的内容

REACH規則の不順守に対する罰則規定は、各加盟国が固有に設定することが可能です。加盟国の罰則規定の一部を紹介します。

加盟国は、罰則の施行に関する報告書をEU委員会に定期的に提出しなければならないことが、REACH規則第127条で規定されています。報告書に含まれる項目については、第117条でその詳細を規定しており、各国の罰則規定の評価および実施の項目を含む、それぞれの領域内での本規則の運用に関するものとなっています。

最終報告書によると、多くの加盟国で行政処分、刑事罰あるいはその両方が定められており、違反した企業への罰金に加えて違反者に対する懲役や罰金が規定されています。

ドイツの罰則規定

違反事例	行政処分	刑事罰
登録、認可、制限、SDS提供、川下への情報伝達に関しての意図的な違反や不注意による不順守	違反した法人に対して最大５万ユーロの罰金	最大５年の懲役または違反者個人の日収金額に応じた最大360日分の罰金、法人には最大100万ユーロの罰金

スウェーデンの罰則規定

違反事例	罰則	刑事罰
登録、認可、制限、川下への情報伝達に関しての違反	罰金を含む行政処分または罰金を含まない行政処分	最大2年の懲役または違反者個人の日収金額に応じた罰金、法人には最大約96万ユーロの罰金
スウェーデン語によるSDS提供義務の不順守	480ユーロの環境制裁金、罰金を含む行政処分または罰金を含まない行政処分	最大2年の懲役または違反者個人の日収に応じた罰金、法人には最大約96万ユーロの罰金

罰則の調整

　一方で、各加盟国で独自の罰則規定を定めることができるため、同じ違反を犯しても加盟国によって罰則の程度が異なることが考えられます。そのため、各加盟国の罰則の均質化を図る目的で、2009年6月のREACH規則所轄官庁会議（CA会議）で各加盟国の罰則比較の中間報告が行われました。2010年3月には、前述の罰則に関する最終報告書がEU委員会設置の研究会で議論され、各加盟国の国内法に記載されている罰則条項および全体的な概況がEU委員会に報告されました。REACH規則が施行されて間もない段階であり運用の経験も限定的であることを踏まえて、加盟国間の罰金レベルの単純な比較は難しいことが示唆されています。

　REACH規則第126条では「規定される罰則は、有効的で、つり合いの取れた、かつ静止的なものでなければならない」とされており、今後もEU委員会は各加盟国におけるREACH規則の運用状況の監視を続けることになっています。

Q85

情報提供を拒否された場合

当社の部品調達先より、営業秘密という理由で含有物質の情報提供を拒否されましたが、どうすればよいでしょうか。

営業秘密とは

　REACH規則において営業秘密とされるものには、物質または混合物の正確な用途・機能または適用、製造あるいは上市した物質または混合物の正確なトン数、混合物の全組成の詳細、製造者あるいは輸入者とその流通業者または川下使用者との関係などがあります（REACH規則第118条）。貴社が扱われています成形品の場合には、成形品に含まれるCLSが営業秘密の対象となります。

　また、基本的に営業秘密とされないものに登録情報があります。

　REACH規則第77条2項（e）では、登録されたあらゆる物質に関する情報のデータベース、分類と表示のインベントリー、調和された分類および表示リストをECHAが作成し、維持することを規定しています。そして、第118条の営業秘密などの漏えい回避策を考慮した上で、第119条1項に示す以下の項目などを一般に無償公開するものとしています。

　⑴　CLP規則において危険な物質についてはIUPAC命名法による名称

　⑵　（EINECSに）該当する場合、EINECSによる物質の名称

　⑶　物質の分類および表示

　⑷　物質に関する物理化学的データと経路、環境中の運命

　登録者または他のあらゆる関係者の商業上の利益に対して公表が有害である場合、登録時にその理由に関する正当な根拠をECHAに提出し、それが認められた場合には公開されない項目もあります。

成形品に求められる情報

　成形品のREACH規則の対応義務が適用されるかどうかの判断のために、成形品から意図的に放出されるすべての物質の特定と量および濃度や、成形品に含まれるCLSの濃度、制限物質の含有の有無についての情報を、仕入れ先から収集する必要があります。なお、輸出製品中のCLSの重量が年間1トン以下であれ

ば、届出は必要ありませんので、意図的放出物質の情報は不要になります。しかし、制限の対象物質に関しては、特定用途の場合には含有率が規制されており、製品重量にかかわらず対応が必要です。

成形品に求められる義務への日本の製造者の対応

日本から成形品をEUに輸出する場合、EU域内の輸入者または「唯一の代理人（OR）」に、情報提供や届出、制限への対応などの義務が生じます。

一方、日本から必要な情報が提供されなければ、それらの事業者がEU域内で貴社製品のREACH規則に関する情報提供や成形品中に含まれるCLSの届出などの対応を行うことは不可能です。EU域外の企業には上記の法的な義務は生じないため、あくまでも貴社と部品調達先との商取引上の取決めに従うこととなります。

具体的な対応策

１．川上企業への情報請求

川上企業の営業秘密を考慮した、以下のような情報の開示を求めます。

⑴ 意図的に放出される物質がないことの証明

⑵ 調達部品中にCLSが含まれていないことの証明、または貴社の指定した濃度範囲を上回っていないことの証明

⑶ 制限物質を含有しないことの証明

２．川上企業への状況説明

届出などの対応をしなければEU域内への輸出が不可能になることや、ECHAへ提出した情報は厳格に管理され、情報流出のリスクが低いことなどを説明して、情報提供の必要性を認識してもらうことも重要です。また、chemSHERPAなどのサプライチェーンにおける化学物質情報の標準化や情報伝達などのツールを活用するなど部品調達先との対話を円滑に行う仕組み作りも必要です。

REACH規則の見直し
REACH規則の内容は、見直されることがあるのでしょうか。

規制化学物質の見直し

　科学技術の進歩や新たな知見・経験によって、既存化学物質に人や環境に容認できないリスクが新たに認められた場合には、制限物質、CLS、認可対象物質への追加などの見直しが行われます。

1．制限物質の追加・見直し

　ECHAや加盟国から提案された制限物質の見直しは、意見募集などを経たのち、附属書XVIIの改正という形で実現します。提案の受理や検討の経過はその都度ECHAのウェブサイトで報告されますので、確認をしておくことが必要です。2019年9月現在では73エントリーが制限物質となっています。

2．CLSの追加

　認可対象物質はCLP規則や附属書XIIIなどで定められたリスクを持つ高懸念物質の中から優先順位をつけて選ばれますが、その優先順位をつけられた物質がCLS（認可対象候補物質）です。CLSはおおむね半年に1回追加されますので、意見募集を含む経過をECHAウェブサイトで確認をすることが必要です。2019年9月現在では201物質がCLSとなっています。

3．認可対象物質の追加・認可の見直し

　ECHAはCLSの中からさらに優先すべき物質を選択し認可対象物質とする勧告案を提出し、意見募集などを経て附属書XIVの改正という形で最終決定します。2019年9月現在では43エントリーが認可物質となっています。

　認可対象物質は認可申請後に認可を受けた場合に限り、期限付きで使用することが認められます。新しい認可や期限延長の申請などの状況やその過程などはECHAウェブサイトで確認をすることが可能です。

ナノ物質の登録に対応するための見直し

　ナノ物質は、通常の物質よりも微小であり、形状やサイズなどの物理的な特性により危険有害性の要因となるため、その独特の登録情報を要求することが必要です。

　ECHAでは2018年12月に、その要求に対応するために附属書I、III、VI〜XIIを改訂する規則（(EU) 2018/1881）を公布しました。この見直しは2020年1月より適用となります。

他の法規制との整合性をとるための見直し

　2019年9月に附属書IIを改正する案が、WTOに通知されました。目的は、

　⑴ 国連GHSとの整合性をとる

　⑵ CLP規則附属書VIIIとの整合性をとる

　⑶ 前記の附属書I、III、VI〜XIIの改訂内容の反映

　であり、2020年の第一四半期に採択予定であるとされています。

　他の法規制との整合性をとるための過去の見直しでは、CLP規則の発効に伴い、分類と表示のインベントリーを定めたREACH規則第112条から第116条が削除されたことがありました。

第2次レビューに基づく見直しの可能性

　REACH規則では第117条で定められた報告書に基づき、各種の見直しを行うことが認められています。2018年3月の第2次レビューでは、「条文の見直しは不要」としながらも、登録一式文書の不適合とコンプライアンスチェックなどの検討に言及していますので、何らかの動きがある可能性もあります。

Q87

ナノ物質とREACH規則
REACH規則では、ナノ物質はどのように扱われるのでしょうか。

ナノ物質とは

　ナノ物質（nanomaterials）は、最小で「人間の髪の毛の直径の１万分の１」という100ナノメートル以下の非常に微細なサイズに製造される物質です。同じ材質の材料と比較すると、その微細なサイズのために、目新しい特性（強度、化学的な反応性、伝導率など）を発揮します。すでに様々な製品に使用され、工業、医療、エネルギーといった分野で新しい利用方法が見込まれている注目の物質といえます。

　一方、ナノ物質は、通常の物質よりも微小であり、形状やサイズなどの物理的な特性により、通常の物質とは異なる危険有害性を有する場合があるため、ナノ物質に対するリスク評価の確立に向けて活動が続けられています。

EUにおけるナノ物質の定義

　EUでは、ナノ物質はREACH規則をはじめ、様々な法規制の対象ではあるものの、明確な定義がなかったため、2011年に「ナノ物質の定義に関する勧告」が採択され、次のようなEUにおける共通の定義が示されました。

> 　ナノ物質とは、非結合状態、あるいは強凝集体（アグリゲート）または弱凝集体（アグロメレート）であり、かつ、個数基準サイズ分布で50％以上の粒子が、一つ以上の外径が１～100nmの範囲にある粒子を含有する、天然あるいは偶然にできた、または製造された材料。環境、健康、安全性または競争力に関する懸念が必要な特別な場合においては、50％の個数基準サイズ分布の閾値を１～50％の閾値に置き換えることができる。

REACH規則におけるナノ物質の扱い

　REACH規則の条文では直接ナノ物質に言及していませんが、REACH規則はすべての大きさ、形状の物質を対象としているため、一般的な物質と同様に各種の義務が適用されます。

　しかしながら、ナノ物質に対する明確な要件が示されていなかったため、登録一式文書が不十分なケースが散見されました。このような課題に対応するため、REACH規則では５年に一度見直しを行うことが定められており、2013年に初回のREACH規則レビュー結果が公表されました。このレビュー結果では、REACH規則附属書を改正することで、ナノ物質に関する具体的な要件を明確化する必要があることが示されました。

　その後の検討を経て、2018年12月にREACH規則附属書I、III、VI〜XIIが改正され、2020年１月１日から適用されました。この改正によって、ナノ物質の同定や識別、製造量や用途、試験時におけるサンプルやばく露経路、リスク評価のもととなる物理化学的特性等の要件等、登録一式文書や化学物質安全性報告書（CSR）で求められるナノ物質に関する情報要件が明確化されました。これにより、上記定義を満たすナノ物質の登録にあたっては、ナノ物質の同定に必要な「サイズ」、「形状」、「粒子表面の化学的性状」に関する情報等を記載した登録一式文書を準備しなければなりません。

　すでに銀やカーボンナノチューブ、酸化チタン等については、ナノ物質としての登録情報を確認することができます。

　なお、EUでは、ナノ物質に関する各種情報を一元的に提供する「EUナノマテリアル展望台（The European Union Observatory for Nanomaterials：EUON）」が2017年６月に開設され、REACH規則をはじめとするナノ物質関連法規制の情報や各種の調査・研究、市場調査結果等が公表されています。

第10章

日本企業の課題と心配

Q88

違反事例
REACH規則の違反事例を教えて下さい。

違反事例が公開されているウェブサイト

REACH規則違反に限らず、EU域内では消費者の健康と安全に関するリスクが高い法規制に不適合な製品が発見された場合、食品や医薬品および医療用の装置を除く消費者向け製品の事象についてはEU緊急警告システムRAPEX（Rapid Alert System）というEU委員会のウェブサイト上で違反事例として公開されます。

また、消費者向け製品以外はICSMS（Information and Communication System on Market Surveillance）というEU委員会のウェブサイト上で違反事例が公開されます。ICSMSはEU委員会のITシステムで、加盟国の市場監視当局のための包括的なコミュニケーションプラットフォームを提供しています。

EU委員会はRAPEXウェブサイト（Safety Gate）において、おおむね毎週１回、各国当局が報告した危険製品の週間概要（RAPEX Notification）を公開しており、問題となる製品情報や危険情報、報告国が実施した措置などを公表しています。

トップページには、毎週更新される「週次レポート」へのリンクや、過去の全ての通知を検索できるリンクなどがあり、化学製品類、育児用品と玩具類、衣料品類、通信およびメディア機器、建設製品というカテゴリ別に検索が可能となっています。

それによりますと、2018年の１年間でREACH規則に関する違反事例が300件以上掲載されており、2019年は９月時点で約180件の違反事例が掲載されています。

公表されている違反事例

RAPEXより１件の事例を抜粋して具体的な公開内容を説明します。

RAPEXで公表されている違反事例

事例名	アクセサリーに含まれるニッケルの違反事例
カテゴリ	ジュエリー
製品	足首のブレスレット
ブランド	****
製品名	フスケット
モデルのタイプ/番号	不明
バッチ番号/バーコード	91714001751000000150
リスクの種類	化学 宝飾品から過剰な量のニッケルが放出されます（測定値：90.2μg/cm²/週） ニッケルは強力な感作物質であり、皮膚に直接長時間接触する物品に含まれる場合、アレルギー反応を引き起こす可能性があります 製品はREACH規則に準拠していません
公的機関によって命令された措置（輸入者へ）	エンドユーザーからの製品の回収、市場からの製品の回収 （本製品は安価であるため、販売した顧客をトレースすることは困難であるため、会社のウェブサイトや新聞紙上などでのリコール告知という手段で、製品回収が行われているものと推測されます）
説明	銀色の金属、さまざまな種類のサブチェーン、小さな銀色の金属キューブで作られた足首のブレスレット
原産国	ドイツ
警告の発信国	スロバキア
警告の種類	深刻
年-週	2019年38週

　表の通り、違反している製品を特定するために必要な品名やバーコード番号、製品の写真などの詳細情報や、違反内容、各国の公的機関が命令した措置などが詳しく掲載されています。

Chemical Column⑩ 日本企業の対応

　順法対応も経営リスクの視点で決める必要がありますが、EUへ直接または間接的に製品を輸出している日本企業の順法対応は、どこまで実施すべきか悩ましいところです。REACH規則違反の罰則は、各加盟国が具体的に規定します。ドイツでは、認可物質の不正使用の場合で禁錮5年以内または罰金です。違反は経営リスクの最たるものです。

　2018年のRAPEXによる消費者向け製品のREACH規則関連の摘発数は、338件でした。違反内容は、化学製品は7件で、他は玩具にフタル酸エステルが含有しているなどの成形品の違反です。摘発事例では、玩具にDEHPが0.45%含有しているとして通関を停止ものがあり、非意図的混入の管理を求められる事例もあります。

　税関規則（Regulation（EU）No 952/2013）では、「税関管理は、物品の検査、サンプルの採取、申告または通知に記載された情報の正確性および完全性、ならびに書類の存在、真正性、正確性および有効性の検査等をリスクベースで行う」としています。税関規則は規則765/2008/ECを改正する規則2019/1020により、2021年7月から順法情報の提供などが強化されます。

　このような背景から、成形品を輸出する場合は、購入品および作業工程での非意図的混入を含めた順法確認が求められます。この非意図的混入は検査工程の強化では難しい点があります。

　EUでは、食品接触プラスチック包装材規則（PIM：10/2011）で、包装材へのポジティブリスト収載化学物質以外の非意図的混入を防ぐためには、GMP（Good Manufacturing Practice Regulation（EC）No 2023/2006）の導入を要求しています。このGMPの定義は「意図された使用に適した品質基準に適合することを確実にするために、一貫して製造され、管理されることを確実にする品質保証の側面を意味する」です。

　現状の成形品に適用している品質保証システム（手順書など）に、コンタミ防止などの順法事項を明確に組み込むことが必要です。遠回りですが、REACH規則への対応は品質保証システムの1つとして管理することが企業対応となります。

REACH規則関連用語集

略語	正式名	日本語表記
Agenda 21	Agenda 21	アジェンダ21
BPR	Biocidal Product Regulation	EU殺生物性製品規則
CAS No	Chemical Abstracts Service No	アメリカ化学会 (American Chemical Society)による化学物質を特定するための番号
ChemSHER-PA	chemical information SHaring and Exchange under Reporting Partnership in supply chain	新情報伝達スキーム
CLP	Regulation on Classification, Labelling and Packaging of substances and mixtures	化学品の分類、表示、包装に関する規則
CLS	Candidate List of substances of very high concern for Authorisation	以前はSVHCと呼ばれていた
CMR	Carcinogenic, Mutagenic or toxic to Reproduction	発がん性・変異原性・生殖毒性物質
CoRAP	Community Rolling Action Plan	欧州共同体ローリング・アクション・プラン
Directive	EU Directive	指令
EINECS	European Inventory of Existing Commercial Chemical Substances	欧州既存商業化学物質リスト
ELINCS	European List of Notified New Commercial Chemical Substances	欧州新規届出商業用化学物質リスト
GHS	Globally Harmonized System of Classification and Labelling of Chemicals	化学品の分類および表示に関する世界調和システム
HPVC	High Production Volume Chemicals	高生産量化学物質点検プログラム
IMDS	International Material Data System	自動車業界向け材料 データベース
IUCLID	International Uniform Chemical Information Database	国際統一化学物質情報データベース
JAMA Sheet	JAMA/JAPIA Standard Material Datasheet	日本自動車部品工業会化学物質の調査フォーマット
JAMP	Joint Article Management Promotion- Consortium	アーティクルマネジメント推進協議会
JIS Z 7252	GHS に基づく化学品の分類方法	同左

JIS Z 7253	GHS に基づく化学品の危険有害性情報の伝達方法－ラベル，作業場内の表示及び安全データシート（SDS）	同左
NLP	No Longer Polymer	もはやポリマーとはみなされない物質
OJ	Official Journal of the European Union	EUの官報に相当する
OR	Only Representative	唯一の代理人
Regulation	Regulation	規則
SAICM	Strategic Approach to International Chemicals Management	国際的な化学物質管理のための戦略的アプローチ
SDGs	Sustainable Development Goals	2030年アジェンダ、持続可能な開発目標
SVHC	Substances of Very High Concern	高懸念物質
wt%	weight percent	重量パーセント、%(W/W)と同じ

REACH規則参考URL集

分類	情報内容	URL
新規・既存 化学物質管理	欧州化学品庁（ECHA）	http://echa.europa.eu/
新規・既存 化学物質管理	REACH規則（(EC) No 1907/ 2006）改正反映版	http://eur-lex.europa.eu/legal-content/EN/ TXT/?uri=CELEX:02006R1907-20150925
新規・既存 化学物質管理	登録物質データ	http://echa.europa.eu/information-on- chemicals/registered-substances
新規・既存 化学物質管理	REACH規則川下ユーザー向 けQ＆A更新版	https://echa.europa.eu/support/qas- support/browse/-/qa/70Qx/view/scope/ REACH/Downstream+users
新規・既存 化学物質管理	REACH規則のガイダンス	https://echa.europa.eu/guidance- documents/guidance-on-reach
新規・既存 化学物質管理	Candidate List	http://echa.europa.eu/web/guest/ candidate-list-table
新規・既存 化学物質管理	ECHA 成形品中のSVHC有 無に関するデータベース構築 の発表（2018.7.11）	https://echa.europa.eu/-/new-database- on-candidate-list-substances-in-articles- by-2021
新規・既存 化学物質管理	成形品中のSVHC listに収載 されたSVHC 0.1%について の濃度算出の単位や届出、情 報提供義務についての欧州裁 判所の判決	http://curia.europa.eu/juris/liste.jsf?langu age=en&td=ALL&num=C-106/14
新規・既存 化学物質管理	制限物質のRegistry of In- tentions	https://echa.europa.eu/registry-of-current- restriction-proposal-intentions
新規・既存 化学物質管理	欧州共同体ローリング・アク ション・プラン（CoRAP）	http://echa.europa.eu/information-on- chemicals/evaluation/community-rolling- action-plan/corap-table
新規・既存 化学物質管理	成形品ガイド（第4版）	https://echa.europa.eu/ documents/10162/23036412/articles_en.pdf
新規・既存 化学物質管理	デューディリジェンス主張の ためのガイド	http://www.hillingdon.gov.uk/media/24556/ Due-diligence-defence/pdf/Due_diligence_ defence_guidance_notes.pdf
新規・既存 化学物質管理	英国のREACH施行規則2008	http://www.legislation.gov.uk/ all?title=REACH%20%202008
新規・既存 化学物質管理	ナノマテリアル　登録ガイダンス の付録4（Appendix 4: Recom- mendations for nanomaterials applicable to the Guidance on Registration）の草案	https://echa.europa.eu/ documents/10162/13564/appendix_4_nano_ registration_committees_en.pdf/1abb12d1- 88a2-b386-0907-c67d05105378
新規・既存 化学物質管理	ナノマテリアルの定義に関す るEU委員会の勧告	http://eur-lex.europa.eu/LexUriServ/ LexUriServ.do?uri=OJ:L:2011:275:0038:0040:e n:PDF

新規・既存 化学物質管理	認可対象物質リスト	https://echa.europa.eu/authorisation-list
新規・既存 化学物質管理	EU RAPEX （緊急警報システム）	https://ec.europa.eu/consumers/consumers_safety/safety_products/rapex/alerts/?event=main.listNotifications&lng=en
新規・既存 化学物質管理	附属書XVIIの改正 （2018年1月10日）	http://eur-lex.europa.eu/legal-content/EN/TXT/?qid=1522140005352&uri=CELEX-:32018R0035
新規・既存 化学物質管理	附属書XVII エントリー#51 第3節（玩具および育児用品へのDEHP、DBP、BBPの使用制限見直し文言）の削除	https://eur-lex.europa.eu/eli/reg/2015/326/oj/eng
新規・既存 化学物質管理	廃棄物枠組み指令 （指令2018/851）	https://eur-lex.europa.eu/legal-content/EN/TXT/PDF/?uri=CELEX:32018L0851&from=EN
新規・既存 化学物質管理	制限の対象物質リスト	https://echa.europa.eu/substances-restricted-under-reach
新規・既存 化学物質管理	廃棄物枠組み指令の対応 （データベース構築）	https://echa.europa.eu/waste
新規・既存 化学物質管理	「AskREACH」プロジェクト	https://www.askreach.eu/
新規・既存 化学物質管理	CLP規則附属書VIを修正する規則605/2014	https://eur-lex.europa.eu/legal-content/EN/TXT/?uri=CELEX%3A32014R0605
新規・既存 化学物質管理	REACH規則付属書17の第51条（Entry 51 to Annex XVII of REACH）フタル酸エステル類についての修正	https://eur-lex.europa.eu/legal-content/EN/TXT/HTML/?uri=CELEX:32018R2005&from=EN
分類・表示	CLP規則（(EC) No 1272/2008） 改正反映版	http://eur-lex.europa.eu/legal-content/EN/TXT/?uri=CELEX:02008R1272-20150601
分類・表示	C&L Inventory	https://echa.europa.eu/information-on-chemicals/cl-inventory-database
製品安全	一般製品安全指令（GPSD） （2001/95/EC）	http://eur-lex.europa.eu/legal-content/EN/TXT/HTML/?uri=CELEX:32001L0095&from=EN
製品安全	化粧品規則（(EC) No 1223/2009）	https://eur-lex.europa.eu/legal-content/EN/TXT/PDF/?uri=CELEX:02009R1223-20180801&from=EN
その他	英国が合意なしでEUを離脱した場合のUKCAマーキングの使用について（2019.2.2）	https://www.gov.uk/government/publications/prepare-to-use-the-ukca-mark-after-brexit/using-the-ukca-marking-if-the-uk-leaves-the-eu-without-a-deal#using-the-ce-marking
その他	EU法データベース	https://eur-lex.europa.eu/homepage.html?locale=en

※表内は2019年10月1日時点の情報です。

索引

参照先として、Q1〜88のQ番号をお示ししています。

執筆者一覧

編著者

松浦　徹也（まつうら　てつや）

　　一般社団法人東京環境経営研究所　理事長。一般社団法人首都圏産業活性化協会コー
　　ディネータ等。日本電子株式会社生産技術部次長、品質保証室長歴任、技術法規顧問を
　　歴任。定年退職後、松浦技術士事務所を設立。

林　譲（はやし　ゆずる）

　　ハヤシビジネスサポートオフィス代表。中小企業診断士。一般社団法人中小企業診断協
　　会東京支部所属。一般社団法人東京環境経営研究所。テクノヒル株式会社 化学物質管
　　理部門・シニアコンサルタント。帝人株式会社、京セラ株式会社などの勤務を経て、現
　　在に至る。

著者

一般社団法人東京環境経営研究所（50音順）

　　　石原　吉雄（いしはら　よしお）

　　　礒部　　晶（いそべ　あきら）

　　　井上　晋一（いのうえ　しんいち）

　　　海上　多門（うながみ　たもん）

　　　高鹿　初子（こうろく　はつこ）

　　　高橋　拓巳（たかはし　たくみ）

　　　田中　敬之（たなか　のりゆき）

　　　長野　知広（ながの　ともひろ）

　　　長谷川　祐（はせがわ　ゆう）

　　　福井　　徹（ふくい　とおる）

　　　山本　竜哉（やまもと　たつや）

海外環境規制情報サービス『World Eco Scope』のご案内

海外輸出製品のサプライチェーンに連なるすべての企業は、REACH、RoHS、EuPなどの「製品環境規制」を避けて通ることができません。『World Eco Scope』は環境、製品安全、品質管理、設計、法務など、世界の製品環境規制に対応するあらゆる部門のご担当者様をサポートする情報収集ツールです。

『World Eco Scope』商品概要

◆ ウェブサイト（月2回更新）

「解説記事」で規制を概観し、掘り下げる

　日本企業の規制対応という視点で、各国法規制と最新動向を解説。

「ニュース＆トピックス」で世界各地の情報をまとめてお届け

　世界各地の環境規制に関する最新情報を毎月約30本ずつ配信。

「海外環境法令相談室」で法令対応の不安を解消

　世界の環境規制に関する質問に、企業現場の第一線で活躍する実務家が回答。

「海外環境法令データバンク」には日本語訳も多数収録

　各国環境法規制の原文および日本語訳、抄訳を収載。解説記事からの日本語訳リンク機能あり。

「用語集」で基礎知識は万全

　製品環境規制に関する基本用語・略語を登載。サイト内の全記事からの用語集収録語へのリンクを完備。

◆ メールマガジン　（月2回配信）

【年間利用料】　1ライセンス　120,000円＋税

詳しくは、フリーダイヤル 📞 0120-203-694までお問合せください。
ウェブ検索の際は、「第一法規　WES」でどうぞ。

サービス・インフォメーション

━━━ 通話無料 ━━━

①商品に関するご照会・お申込みのご依頼
　　　　TEL 0120 (203) 694／FAX 0120 (302) 640
②ご住所・ご名義等各種変更のご連絡
　　　　TEL 0120 (203) 696／FAX 0120 (202) 974
③請求・お支払いに関するご照会・ご要望
　　　　TEL 0120 (203) 695／FAX 0120 (202) 973

●フリーダイヤル（TEL）の受付時間は、土・日・祝日を除く
　9：00～17：30です。
●FAXは24時間受け付けておりますので、あわせてご利用ください。

改訂版 これならわかる EU環境規制
REACH対応 Q&A 88
～登録から管理・運用まで～

2010年 2 月25日　初版発行
2020年 2 月10日　改訂版発行

編　著　　松 浦 徹 也・林 讓

著　者　　一般社団法人東京環境経営研究所

発行者　　田 中 英 弥

発行所　　第一法規株式会社
　　　　　〒107-8560　東京都港区南青山 2-11-17
　　　　　ホームページ　https://www.daiichihoki.co.jp/

REACHQA改　ISBN 978-4-474-06923-7　C2058(7)